黄河流域易盐渍区高效生态农业技术创新丛书

土壤盐渍化的诊断、评估、减缓与适应技术指南

Guideline for Salinity Assessment, Mitigation and Adaptation Using Nuclear and Related Techniques

［阿联酋］穆罕默德·扎曼（Mohammad Zaman）
［阿联酋］沙比尔·沙汉得（Shabbir A. Shahid）　著
［马来西亚］李　恒
赵　举　尹春艳　陈小兵　曹　丹　李玉义　译
伍靖伟　姚荣江　审校

山东科学技术出版社
·济南·

图书在版编目（CIP）数据

土壤盐渍化的诊断、评估、减缓与适应技术指南 /（阿联酋）穆罕默德·扎曼（Mohammad Zaman），（阿联酋）沙比尔·沙汉得（Shabbir A. Shahid），（马来）李恒著；赵举等译 .-- 济南：山东科学技术出版社，2024.10
（黄河流域易盐渍区高效生态农业技术创新丛书）
ISBN 978-7-5723-1527-5

Ⅰ.①土… Ⅱ.①穆… ②沙… ③李… ④赵… Ⅲ.①盐碱土改良 – 研究 Ⅳ.① S156.4

中国国家版本馆 CIP 数据核字 (2023) 第 174693 号

土壤盐渍化的诊断、评估、减缓与适应技术指南

TURANG YANZIHUA DE ZHENDUAN、PINGGU、JIANHUAN YU SHIYING JISHU ZHINAN

责任编辑：于　军
装帧设计：孙　佳

主管单位：山东出版传媒股份有限公司
出 版 者：山东科学技术出版社
地址：济南市市中区舜耕路 517 号
邮编：250003　电话：（0531）82098088
网址：www.lkj.com.cn
电子邮件：sdkj@sdcbcm.com
发 行 者：山东科学技术出版社
地址：济南市市中区舜耕路 517 号
邮编：250003　电话：（0531）82098067
印 刷 者：山东联志智能印刷有限公司
地址：山东省济南市历城区郭店街道相公庄村文化产业园 2 号厂房
邮编：250100　电话：（0531）88812798

规格：16 开（184 mm × 260 mm）
印张：10.75　**字数：**181 千
版次：2024 年 10 月第 1 版　**印次：**2024 年 10 月第 1 次印刷
定价：128.00 元

丛书编委会

参 编 单 位　中国科学院南京土壤研究所

中国科学院烟台海岸带研究所

中国科学院东北地理与农业生态研究所

中国农业科学院农业资源与农业区划研究所

中国水产科学研究院东海水产研究所

中国水利水电科学研究院

山东省农业科学院

山东省水利科学研究院

内蒙古自治区农牧业科学院

水利部牧区水利科学研究所

“一带一路”国际功能农业科技创新院

清华苏州环境创新研究院

黄河水利委员会西峰水土保持科学试验站

清华大学

中国农业大学

武汉大学

河海大学

山东农业大学

鲁东大学

吉林大学

长安大学

宁夏大学

中建八局环保科技有限公司

序 一

目前，全球有 80 多个国家存在土壤盐渍化问题，盐碱地面积超过 8.3 亿公顷，土壤盐渍化对农业生产力和可持续性发展产生了不利影响。土壤盐渍化在任何气候条件下都会发生，是由自然因素和人为活动造成的。例如，在干旱区、半干旱区、半湿润区大面积长期推行节水灌溉技术后，土壤盐渍化呈加剧趋势。对盐碱地不当垦殖，也会导致生态风险和经济风险。我们必须强化多时空尺度意识和风险意识，强化土壤盐渍化科学研究的先进性，进行盐渍化治理与改良的绩效评估，探求易盐渍区农业高质量发展和生态保护相协同的成功治理之道。

在全球气候变暖、水资源日益减少与人口激增的大背景下，全球粮食安全形势日趋严峻，这对持续提高耕地的产能提出了更大挑战。我国人口众多、土地资源稀缺，干旱区、半干旱区、半湿润区耕地易发生盐渍化，这是导致耕地生产力下降的关键障碍性因素。我国还有 760 万公顷[①]盐碱障碍耕地可以开发利用。通过盐碱障碍耕地的产能提升与部分盐碱荒地的耕地化改造来减缓粮食危机，逐渐成为科学界、政府和行业部门的共识。近年来，我国将盐碱地开发利用提升到战略高度，提出要充分挖掘盐碱地综合利用潜力，稳步拓展农业生产空间，提高农业

① 数据来源于 2011 年农业部全国盐碱地面积调查。

综合生产能力。在此前所未有的发展机遇下，系统梳理盐渍土的研究成果尤为迫切和重要。“黄河流域易盐渍区高效生态农业技术创新丛书”正是响应国家黄河流域生态保护和高质量发展战略，助推盐碱地开发利用工作而策划出版的。这是我国首套从多尺度、多层次反映盐碱地改良与综合利用研究进展的丛书。

盐渍土的具体成因和表现千差万别，治理具有复杂性、长期性和反复性的特点。盐碱地治理是一项需要生态治理、水利调控、农业科技引导相结合的综合性系统工程，需要多部门联合、多学科合作，以工程措施为基础，辅以农学、化学、生物改良等措施。盐碱地治理要因地制宜，分类改造，适度有序开发，走综合利用与生态环保相结合的新道路。2023 年 7 月中央财经委员会第二次会议指出盐碱地综合改造利用是耕地保护和改良的重要方面，强调了“以种适地”同“以地适种”相结合的重要性。

该丛书包括德国、美国、澳大利亚、荷兰与联合国粮农组织学者的经典专著，涵盖了世界范围内盐碱地治理的基础理论、关键技术和实践经验；丛书原创专著介绍了近年来黄河流域盐碱地综合治理的新理念、新方法、新技术与新策略，涉及盐碱土分类分级、盐碱地多尺度监测与评估、盐碱地水盐运移规律与调控、盐碱地减肥增效与地力提升、耐盐作物栽培与高质化利用等方面。该丛书的出版对国内的盐碱地改良具有较强的指导作用和借鉴价值，有利于推动双碳背景下易盐渍区农业高质量发展工作，对于“一带一路”沿线上具有土壤盐渍化问题的国家也有所裨益。

该丛书由中国科学研究院土壤研究所杨劲松研究员担任主编，丛书编著（编译）人员大多长期从事盐碱地改良与利用研究工作，具有坚实的理论功底和丰富的实践经验。由此保证了“黄河流域易盐渍区高效生态农业技术创新丛书”的质量和水平，具有很高的科学价值和应用价值。

我相信该丛书的出版，对提升我国盐渍土科学研究与技术应用水平，充分挖掘盐碱地综合利用潜力将起到重要作用。

中国工程院院士 张佳宝

2023 年 11 月

序二

土壤盐渍化是一个全球性的资源与环境问题。耕地盐渍化是导致一些古老文明走向衰败和消亡的重要原因。由于灌溉不当，每年都有大面积的农田因次生盐渍化而不再适宜耕种。直至今日，土壤盐渍化仍然是制约干旱区、半干旱区、半湿润区灌溉农业可持续发展的关键影响因子。随着用于灌溉的淡水资源减少、土地退化和城市化发展，导致全球耕地面积持续减少和土壤盐渍化情况恶化，寻求解决土壤盐渍化问题的可持续方案变得更加紧迫和复杂。2023 年 9 月召开的第 18 届世界水资源大会，提出水是复杂自然生态系统和人类经济社会系统的关键要素。相关从业者要更加充分认识水与土地及其生态系统的复杂关系，探求水与粮食、能源、健康及经济发展的纽带关系，深入涉水复杂系统的综合研究，促进人口经济与资源环境相均衡。近年来，我国高度重视盐碱地的生态化改良和综合利用工作，出台了一系列支持政策。科技部、农业农村部、中国科学院等部门院所启动了多个盐碱地科研重大项目，聚焦盐碱地改良与利用的区域研发平台相继成立。2023 年 9 月中共中央办公厅和国务院办公厅印发《关于推动盐碱地综合利用的意见》，对于加强现有盐碱耕地改造提升、有效遏制耕地盐碱化趋势、稳步拓展农业生产空间，提高农业综合生产能力具有重大的指导作用。该意见强调了“摸清盐碱地底数、水资源和特色耐盐种质资源现状，掌握盐碱地数量、分布、盐碱化程度、土壤性状等”“建立盐碱地监测体系，完善土壤盐碱化、水盐动态变化等监测网络”等，明确提出走“以种适种”和“以地适种”相结合的道路。这些论断均强调了水资源和水利改良在盐碱地治理与利用中的核心地位。

中国农业的根本出路在于集约持续农作，即物质装备现代化、科学技术现代化、经济经营现代化、资源环境良性化、农业农村现代化，今天对盐碱地的成功治理自然也概莫能外。我们要摸清盐碱地水盐运移规律，协调好农业、土地、水资源的关系，走农业高质量发展与生态保护的盐碱地综合治理道路。当前我国的盐碱地综合治理和利用工作仍存在以下问题：1）缺乏对多时空尺度的水热盐肥运移过程及其对作物影响的精准刻画技术和模型，导致无法通过灌溉、施肥与农艺等措施对根区的作物生长条件进行精准调控；2）对于区域水土平衡、水盐平衡，特别是节水条件下的水盐平衡、盐分出路等问题考量不足，未能很好贯彻“以水定地量水而行”等原则；3）兼顾经济效益与生态效益的综合治理技术模式不足，特别是耐盐特色农产品产业水平低。由于盐碱地综合利用涉及土壤物理学、土壤化学、植物营养学、水文地质学、土地信息学等学科的知识，必须借鉴以上学科的理论、方法，系统梳理国内盐碱地综合研究成果，由此形成适合我国独特的盐碱地科研体系。唯其如此，才有可能为盐碱地的综合利用提供系统解决方案，推进盐碱地改良事业的行稳致远。

“黄河流域易盐渍区高效生态农业技术创新丛书”由中国科学院海岸带研究所和中国科学院南京土壤研究所发起，由杨劲松研究员担任编委会主任委员，由国内长期从事盐渍土改良与利用工作的知名专家编著（编译）而成，凝聚着他们的智慧与心血。该丛书既有世界土壤、灌溉排水经典译著，又有代表国内盐碱土科研水平的原创著作。如国际知名土壤学家霍恩教授等的《土壤物理学精要》与威廉·F. 弗洛特曼博士等的《现代农业排水》，姚荣江主编的《河套灌区盐碱地生态治理理论与实践》与尹雪斌主编的《盐碱地功能农业研究与实践》。丛书合计十余种分册，包括了国内外盐碱地改良与利用的研究成果，对盐碱地改良和利用的难点、热点问题进行了深入探讨，有助于我们清晰认识和把握盐碱地综合利用与治理的基本走势，推动盐碱地改良事业的高质量发展。

“工欲善其事，必先利其器”。这套丛书就是帮助我们深入认识和成功改良盐碱地的“器”。我相信，众多读者都能从这套丛书获得新理念、新知识和新方法，得到启迪。

谨以此为序并贺丛书出版。

中国工程院院士

2024 年 6 月

前言

盐碱地治理和调控一直是全球性难题，具有复杂性、长期性和反复性的特点。土壤盐渍化问题在人类社会中已存在了数千年，许多文明受到农田盐渍化加剧的影响而消亡，最著名的例子如美索不达米亚文明（今伊拉克）。受自然条件和人类活动的影响，土壤盐渍化在各类气候条件下均可能发生。一般土壤盐渍化主要发生在干旱和半干旱地区，降水量不足以满足作物的需求，难以将作物根区的盐分淋洗出来。土壤盐渍化降低了土壤质量，破坏了土壤资源，发生原因为自然演变或利用管理不善，在一定程度上破坏了土壤自我调节能力的完整性。

土壤盐分分布是动态的，全球100多个国家和地区都存在不同程度的盐渍化问题。在未来气候变化背景下，由于海平面上升及对沿海地区的影响，不可避免地导致蒸发量增加和气温上升，土壤盐渍化进一步加剧。因盐渍化胁迫导致土地退化的国家和地区，包括中亚咸海盆地（阿姆河和锡尔河流域）、印度恒河流域、巴基斯坦印度河流域、中国黄河流域、叙利亚和伊拉克幼发拉底河流域，以及澳大利亚墨累－达令河流域、美国圣华金河谷等。

本书旨在制定土壤盐渍化的评估机制，介绍了土壤盐渍化的缓减和适应措施，引入了可用于盐碱地改良与综合利用的核技术和同位素等新技术，可为持续性利用盐碱地提供可行性方案。本书具有实用性、指导性强的突出特点，能够解决生物盐碱农业所遇到的实际问题。为进行景观和农田土壤盐渍化评估和诊断，以及利用核技术和同位素技术制定边际土壤可持续利用战略的技术研究人员提供参考和借鉴。

Mohammad Zaman，李恒
联合国粮农组织 / 国际原子能机构粮食和
农业核技术联合中心水土管理和作物营养科
Shabbir A. Shahid
阿拉伯联合酋长国盐渍化管理高级专家

目录

第1章

土壤盐度、钠化度及诊断技术

人们普遍认为土壤盐分会随着时间的推移而增加，而气候变化是主要影响因素。为实现土壤盐分的可持续管理，在采取适当的干预措施前，必须进行正确诊断。本章介绍了土壤盐度（原生和次生）和钠化度的概念，提出了假设的土壤盐渍化发育周期，概述了土壤盐渍化的成因及其对社会经济和环境的危害，以及土壤盐渍化和钠化度的目测指标。据报道，基于阿拉伯联合酋长国（以下简称“阿联酋”）土壤上建立的土壤饱和溶液电导率（Electrical conductivity of saturation extracts of soils，EC_e，单位为 $mS \cdot cm^{-1}$）和可溶性总盐（$mEq \cdot L^{-1}$）新关系，与美国农业部盐土实验室（United States Salinity Laboratory，USSL）在1954年建立的关系不同，其他国家应根据各自的土壤条件建立相应的 EC_e 和可溶性总盐关系。本章介绍了土壤盐度和钠化度的实地评估程序，将不同土水比（1 ∶ 1、1 ∶ 2.5 和 1 ∶ 5）悬浮液的电导率（Electrical conductivity，EC）转化为不同地区 EC_e 的系数。多种盐渍化评估制图与盐渍化监测方法，如传统（野外和实验室）方法、电磁感应仪EM38、光学薄片和电子显微镜、地学统计学－克里金法、遥感和地理信息系统（Geographic Information System，GIS），以及全球公认的土壤盐渍化分类系统（美国盐土实验室和联合国粮农组织－教科文组织推荐），为潜在用户提供了全面信息。

1 引言

土壤作为一种不可再生资源，一旦被破坏则在短时间内无法恢复。土壤盐渍化是继土壤侵蚀后导致土地退化的第二大原因，是一万年以来农业社会衰退的一个主要因素。全球每天约有 2 000 hm^2 耕地因土壤盐渍化而丧失生产力。盐渍化可导致许多作物减产 10%~25%，严重时绝产，并引起荒漠化。人们通过改进土壤、水和作物管理措施来解决土壤盐渍化问题，对于实现粮食安全和避免荒漠化非常重要。

1.1 土壤盐度

土壤盐度是衡量土壤水中所有可溶性盐浓度的指标，通常以电导率（*EC*）表示。主要可溶性矿物盐为钠离子（Na^+）、钙离子（Ca^{2+}）、镁离子（Mg^{2+}）、钾离子（K^+）等阳离子，氯离子（Cl^-）、硫酸根（SO_4^{2-}）、碳酸氢根（HCO_3^-）、碳酸根（CO_3^{2-}）和硝酸根（HNO_3^-）等阴离子。高盐度土壤水可能含有硼（B）、硒（Se）、锶（Sr）、锂（Li）、硅（Si）、铷（Rb）、氟（F）、钼（Mo）、锰（Mn）、钡（Ba）、铝（Al）等元素，其中一些元素对动植物有毒（Tanji，1990）。

当土壤饱和溶液电导率（EC_e）≥ 4 分西每米（$dS \cdot m^{-1}$）时，该土壤即为盐渍土（USSL，1954）。该盐渍化土壤定义仍在美国土壤科学的最新术语表中。

1.1.1 土壤盐度单位

盐度通常以溶解性总固体（Total dissolved solids，*TDS*）表示，单位为毫克每升（$mg \cdot L^{-1}$）；或以可溶性总盐（Total soluble salts，*TSS*）表示，单位为毫当量每升（$mEq \cdot L^{-1}$）。

盐度最初是以毫姆欧每厘米（$mmho \cdot cm^{-1}$）为测量单位，现在土壤科学采用国际单位制（简称 SI），其中 mho 已替换为西门子（S）。目前盐度 SI 单位为毫西每厘米（$mS \cdot cm^{-1}$）或分西每米（$dS \cdot m^{-1}$）。

$$1\ mmho \cdot cm^{-1} = 1\ dS \cdot m^{-1} = 1\ mS \cdot cm^{-1} = 1\ 000\ \mu S \cdot cm^{-1}$$

通常在 25℃标准温度下采集和记录 *EC* 值，为获得准确结果，应使用 0.01 N

KCl 溶液校正 *EC* 计。该溶液在 25℃时的 *EC* 应为 1.413 dS · m^{-1}。

TDS 和 *EC* 之间没有固定关系，尽管通常使用系数 640 将 *EC*（dS · m^{-1}）转换为近似的 *TDS*。对于高浓度溶液，对受抑制电离效应影响 *EC* 其系数为 800。

同样，EC_e 与 *TSS* 之间不存在任何关系，尽管在 0.1~5.0 dS · m^{-1} *EC* 范围内，可使用系数 10 将 EC_e（dS · m^{-1}）转换为 *TSS*（mEq · L^{-1}）（USSL，1954）。美国农业部盐土实验室利用本国土壤建立了 EC_e 和 *TSS* 关系，具体见《美国农业部农业手册第 60 卷》（USSL，1954）。这种关系已在世界范围内应用了 60 多年。Shahid 等（2013）报道了阿布扎比酋长国低盐度（沙漠沙）到高盐度（沿海土地）沙漠土壤的类似关系，但尚未在其他土壤中得到验证。该 EC_e 和 *TSS* 关系与 USSL（1954）建立的关系有很大不同，从而为其他国家建立本国 EC_e 和 *TSS* 关系提供了思路，这将有助于更好地诊断和管理其盐质土和盐化 – 钠质土。

1.1.2 *TSS* 与 EC_e 的关系

一些发展中国家的实验室通常没有现代仪器，如火焰发射分光光度计（FES）、原子吸收分光光度计（AAS）或电感耦合等离子发射光谱仪（ICP），这些仪器通常用来分析土壤饱和浸提液或测定水样的可溶性 Na^+ 含量，以确定钠化度［用钠吸附比（Sodium adsorption ratio，*SAR*）表示］。相比之下，可用滴定法测量 Ca^{2+} 和 Mg^2 含量，且无需现代仪器。目前，这些实验室可通过计算 *TSS* 和 $Ca^{2+}+Mg^{2+}$ 之间的差异来确定可溶性 Na^+ 含量，以降低成本。

$$Na^+ = [\,(TSS) - (Ca^{2+}+Mg^{2+})\,]$$

TSS 值可通过图 1–1 查出对应的 EC_e 值，然后使用 Na^+ 来确定 *SAR*，再计算交换性钠百分率（Exchangeable sodium percentage，*ESP*）。

$$SAR = \frac{Na^+}{\sqrt{\frac{1}{2}(Ca^{2+} + Mg^{2+})}}$$

$$ESP = \frac{[100(-0.012\,6 + 0.014\,75 \times SAR)]}{[1 + (-0.012\,6 + 0.014\,75 \times SAR)]}$$

式中，Na^+、$Ca^{2+}+Mg^{2+}$ 以毫当量每升（mEq · L^{-1}）表示；*SAR* 以毫摩每升（mmol · L^{-1}）$^{0.5}$ 表示。

在上述通过计算 *TSS* 和 $Ca^{2+}+Mg^{2+}$ 的差值来确定 Na^+ 方法中，所有 K^+ 值都被算入 Na^+ 值中，因此，测定的 Na^+ 值偏高。值得注意的是，由 USSL（1954）建立

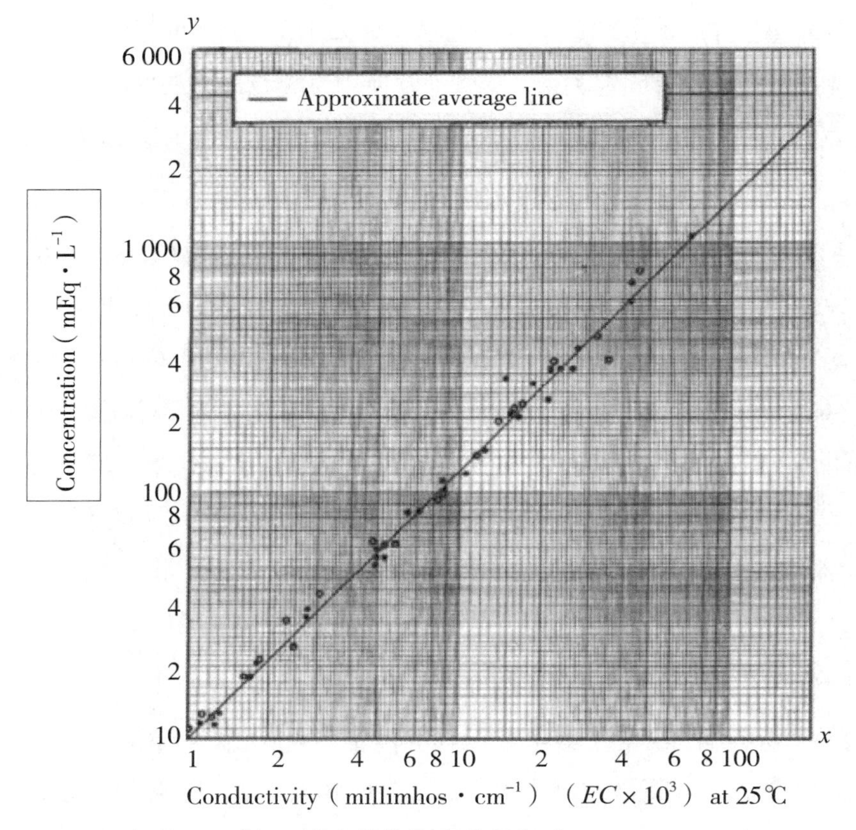

Concentration（mEq·L^{-1}）：浓度单位为毫当量每升；Conductivity（millimhos·cm^{-1}）（$EC \times 10^3$）at 25℃：在25℃测量电导率的单位为毫姆欧每厘米（$EC \times 10^3$）[注：引自《美国农业部农业手册第60卷》（USSL，1954）]

图1-1　y轴上TSS和x轴上EC_e的关系

的TSS和EC_e关系曲线，是基于北美洲西部土壤建立的，可能不适用于其他国家的土壤。若使用此种关系，可能会使人们高估土壤钠质化风险，导致误判和使用不适当的管理方式。

Shahid等（2013）建立的EC_e和TSS关系，与USSL（1954）建立的关系存在明显差异，如图1-1和图1-2所示。

根据USSL（1954）建立的关系（图1-1）可知，TSS/EC_e比率在10（EC_e为1 dS·m^{-1}）和16（EC_e为200 dS·m^{-1}）之间。在Shahid等（2013）所建立的关系中，TSS/EC_e比率在10（EC_e为1 dS·m^{-1}）、11.38（EC_e为200 dS·m^{-1}）和12（EC_e为500 dS·m^{-1}）之间，如图1-3和1-4所示。为检验上述图线以确定土壤钠化度，Shahid等（2013）列举了3个使用同种土壤类型的例子。

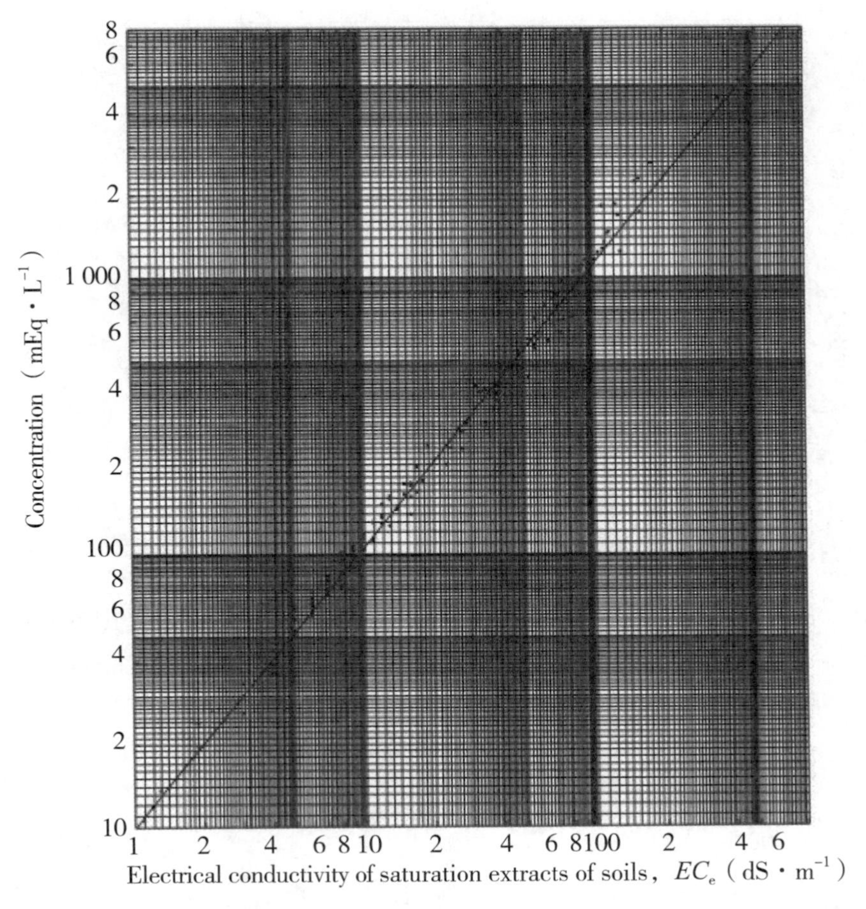

Concentration（mEq · L^{-1}）：浓度单位为毫当量每升；Electrical conductivity of saturation extracts of soils：土壤饱和浸提液的电导率，单位为 dS · m^{-1}（注：引自 Shahid *et al.*，2013）

图 1-2　*TSS* 和 EC_e 的关系

例 1　通过使用 *EC* 计测定土壤饱和浸提液 EC_e，并使用原子吸收分光光度计测定可溶性 Na^+、Ca^{2+}、Mg^{2+} 的浓度，最终确定钠吸附比（*SAR*）。

$$EC_e=51\ dS \cdot m^{-1}$$

$$可溶性\ Na^+=480\ mEq \cdot L^{-1}$$

$$Ca^{2+}=50\ mEq \cdot L^{-1}$$

$$Mg^{2+}=38\ mEq \cdot L^{-1}$$

$$SAR=72.4\ (mmol \cdot L^{-1})^{0.5}$$

例 2　通过测定土壤饱和浸提液 EC_e（使用 *EC* 计）、可溶性 Ca^{2+} 和 Mg^{2+} 浓度（利用滴定法），计算 *TSS* 和 Ca^{2+}+Mg^{2+} 浓度的差值关系（图 1-1），估算可溶性 Na^+ 浓度，最终确定钠吸附比（*SAR*）。

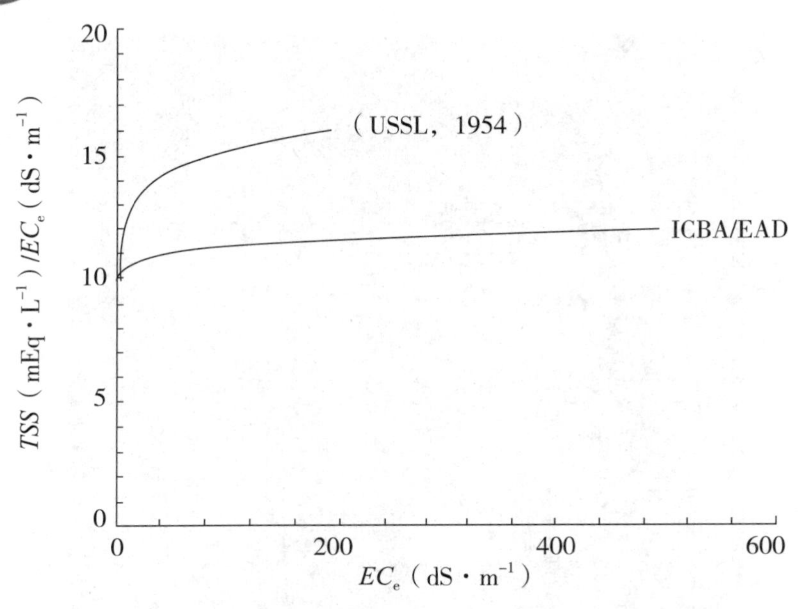

TSS（mEq·L^{-1}）/EC_e（dS·m^{-1}）：总可溶性盐 / 土壤饱和浸提液电导率；USSL：美国农业部盐土实验室；ICBA/EAD：国际盐碱农业中心 / 阿布扎比环境署

图 1-3　USSL（USSL，1954）和 ICBA/EAD（Shahid *et al.*，2013）建立的 TSS/EC_e 与 EC_e 的关系

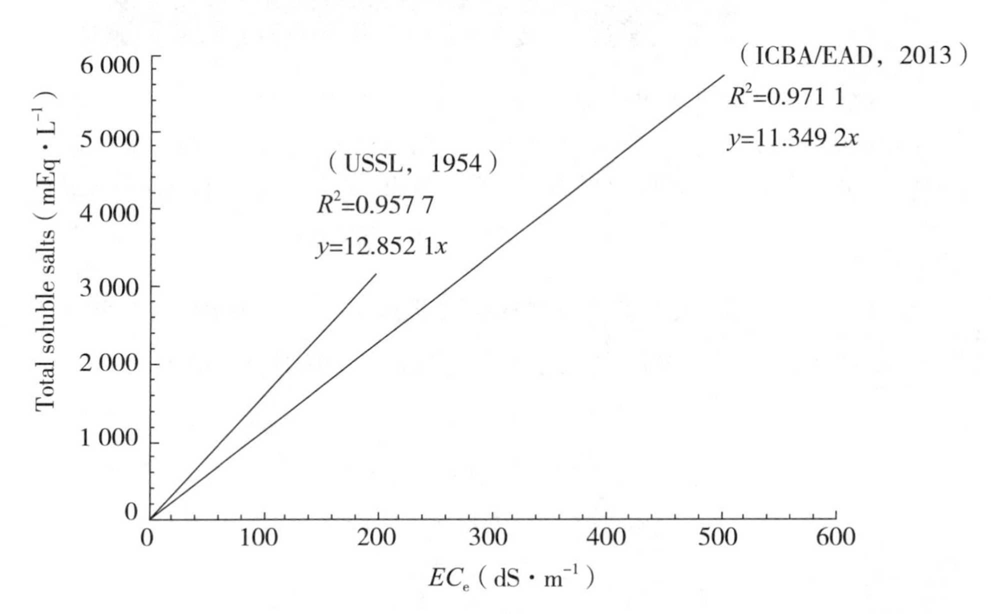

TSS：总可溶性盐；EC_e：土壤饱和浸提液电导率；USSL：美国农业部盐土实验室；ICBA/EAD：国际盐碱农业中心 / 阿布扎比环境署

图 1-4　USSL（USSL，1954）和 ICBA/EAD（Shahid *et al.*，2013）建立的 *TSS* 与 EC_e 关系

$$EC_e=51\ dS \cdot m^{-1}$$

$$TSS=720\ mEq \cdot L^{-1}$$

可溶性 $Na^+=632\ mEq \cdot L^{-1}$（按照差值，即 720–88=632）

$$Ca^{2+}=50\ mEq \cdot L^{-1}$$

$$Mg^{2+}=38\ mEq \cdot L^{-1}$$

$$SAR=95.32\ (mmol \cdot L^{-1})^{0.5}$$

例 3 通过测定土壤饱和浸提液的 EC_e（使用 *EC* 计）、可溶性 Ca^{2+} 和 Mg^{2+} 浓度（利用滴定法）、可溶性 Na^+ 浓度［通过使用 Shahid 等（2013）建立的关系计算差值］，来确定钠吸附比（*SAR*）（见图 1–2）。

$$EC_e=51\ dS \cdot m^{-1}$$

$$TSS=560\ mEq \cdot L^{-1}$$

可溶性 $Na^+=472\ mEq \cdot L^{-1}$（按照差值，即 560–88=472）

$$Ca^{2+}=50\ mEq \cdot L^{-1}$$

$$Mg^{2+}=38\ mEq \cdot L^{-1}$$

$$SAR=71.2\ (mmol \cdot L^{-1})^{0.5}$$

上述 3 个例子清楚地表明，当使用 Shahid 等（2013）建立的关系（图 1–2）时，确定了 *SAR* 为 71.2 $(mmol \cdot L^{-1})^{0.5}$，该值非常接近利用现代实验室仪器测定的饱和浸提液 *SAR*［72.4 $(mmol \cdot L^{-1})^{0.5}$］。然而，当使用 USSL（1954）建立的关系时，得到的 *SAR* 值明显更高［95.32 $(mmol \cdot L^{-1})^{0.5}$］。即利用 USSL（1954）建立关系得到的 Na^+ 值，会导致更高的 *SAR*，从而高估土壤钠质化风险。Shahid 等（2013）为阿布扎比酋长国土壤建立的关系能可靠地用于确定土壤钠化度（*SAR* 和 *ESP*）。此分析方法快捷且成本较低，因此，可供发展中国家使用。发展中国家［如海湾阿拉伯国家合作委员会（GCC，以下简称“海湾合作委员会”）国家］也可通过计算 *TSS* 和 $Ca^{2+}+Mg^{2+}$ 浓度的差值，来确定可溶性 Na^+ 浓度，以验证当地土壤的这种关系。

2 土壤盐分来源

土壤中产生盐分的原因如图 1–5 所示。

· 固有土壤盐度（岩石风化、母质）。
· 微咸水和咸水灌溉（专栏 1–1）。
· 由于过度开采和使用淡水，海水侵入沿海土地和含水层。
· 排水受限，地下水位上升。
· 地面水分蒸发和植物蒸腾。
· 海水喷溅，凝结的蒸气以降雨形式落在土壤上。

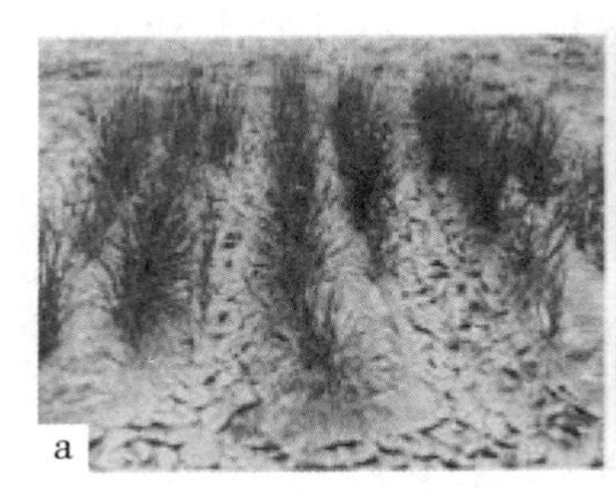

a. 沟灌大麦田的盐分累积；b. 喷灌草地的盐分累积；c. 沿海地区海水侵入引起的盐分累积

图 1–5　农田和沿海地区土壤盐分累积

专栏 1–1

灌溉引起的土壤盐负荷

一般认为，用淡水灌溉有利于保持作物的最佳产量。该观点在短期内可能是正确的，然而，如果长期使用淡水而忽略管理盐分，土壤中就会累积大量盐分。

假设使用淡水（EC=0.2 dS · m^{-1}）灌溉作物，并且在整个作物生长季使用 8 500 m^3 · hm^{-2}（850 mm）的淡水灌溉。EC=0.2 dS · m^{-1} 的水含有约 128 mg · L^{-1} 盐（0.2×640），相当于每立方米灌溉水含盐量为 0.128 kg。因此，在整个作物生长季，每公顷土地灌溉水将增加 1 088 kg 的盐分。如果每公顷土地收获的干物质约为 15 t，收获的作物生物量总盐分占 3.5%（按质量计），那么随作物收获的盐分为 525 kg，这会直接在土壤或作物残余部分（根系、残茬、碎屑）中留下 563 kg 盐分。这些盐分将通过耕作和留在田间的残茬腐烂返回土壤。这个例子非常保守，在实际灌溉中可能使用盐度较高的水。因此，几乎所有的灌溉作物，特别是生长在自然降水量少地区的作物，都需要进行盐分管理。

· 风吹来的盐。
· 过度使用肥料（化学肥料和农家肥）。
· 使用土壤改良剂（石灰和石膏）。
· 使用污水污泥和 / 或经处理的污水。
· 排放工业盐水。

3 土壤盐渍化的发展—— 一个假定循环

Shahid 等（2010）假设了一个土壤盐渍化循环，以呈现土壤盐渍化发育过程（图 1-6）。

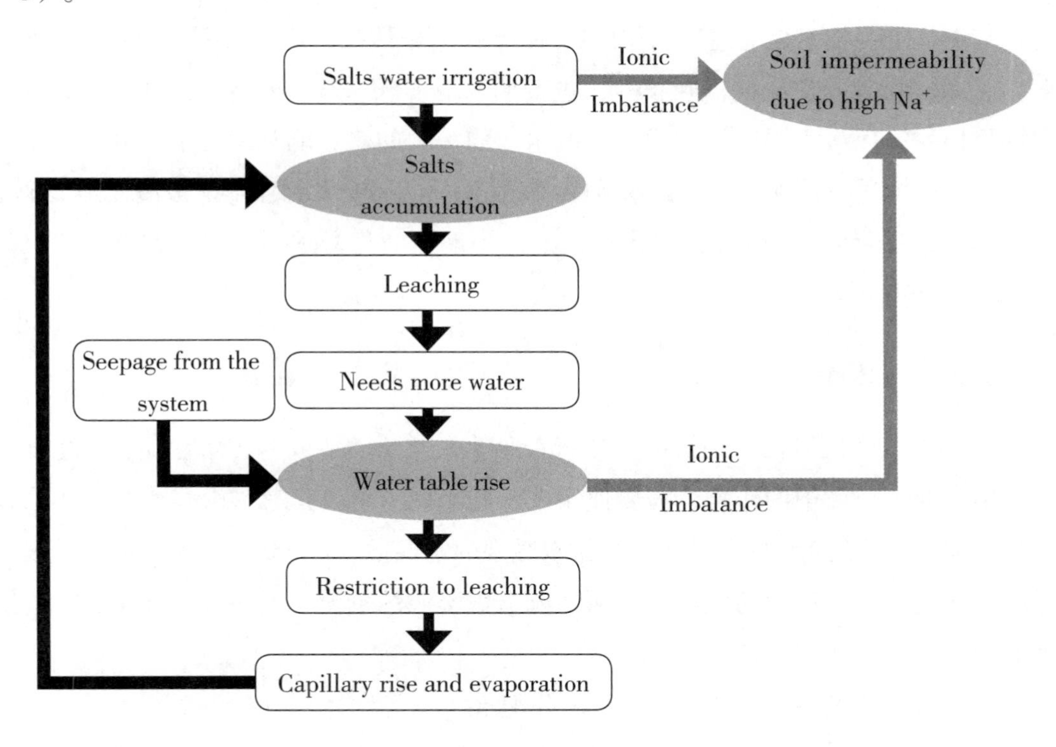

Salts water irrigation：咸水灌溉；Salts accumulation：盐分积累；Leaching：淋洗；Needs more water：需要更多水；Seepage from the system：系统渗漏；Water table rise：地下水位上升；Ionic Imbalance：离子失衡；Soil impermeability due to high Na^+：由于高 Na^+ 导致的土壤不渗透性；Restriction to leaching：淋洗限制；Capillary rise and evaporation：毛管水上升和蒸发（注：改编自 Shahid *et al.*，2010）

图 1-6 假设的土壤盐渍化循环

4 土壤盐渍化类型

4.1 旱地土壤盐渍化

旱地土壤盐渍化是随地下水位上升和随后的土壤水分蒸发而发展的。地下水位上升有多种原因，例如，由于不透水层限制排水，导致深根树木在被浅根一年生作物所取代时，地下水溶解了土壤中因岩石风化产生的盐分，咸水最终到达土壤表面，蒸发最终导致了盐渍化。旱地盐渍化也可能发生在未灌溉土壤。尽管旱地土壤的盐渍化评估和监测技术可以让人们更好地了解土壤盐渍化是如何发展的（其中最重要技术是对遥感图像的解译），但对旱地盐渍化却没有快速解决方案。

减轻旱地盐渍化的潜在技术，包括抽取地下咸水及其安全处置或使用、培育替代植物，以最大限度地利用地下咸水，如深根的树木能利用地下水并降低地下水位，这个过程被称为生物排水（biodrainage）。在澳大利亚旱地盐渍化是一个主要问题，每年因此损失超过 2.5 亿美元。旱地盐渍化必须通过科学诊断，再制定战略性解决方案。

4.2 次生土壤盐渍化

次生土壤盐渍化，是指由于灌溉农业等人类活动造成的土壤盐渍化。生长在干旱和缺水环境中的作物，需要使用咸水和半咸水来满足其部分需水量。不当使用此种质量差的水，特别是在土壤排水受限的情况下，会导致毛管水上升并蒸发，加剧地表和地下盐度的发展，从而降低土壤资源的价值。在灌溉农业中，管理次生盐渍化的常见方法有：

· 激光测量平整土地，促进均匀分配水。

· 将表土中多余的盐分淋洗到底土。

· 通过安全使用或处理抽取的咸水，降低浅层地下水位。

· 调整耕作措施，如苗床准备和播种。

· 培育耐盐植物。

· 循环使用淡水和咸水。

·淡水与咸水混合。

·通过保护性农业措施，如覆盖地膜和草，施加动物粪便和作物残茬等，抑制地表水分的蒸发和盐分积累。

5 土壤盐度造成的损害

·生物多样性丧失和生态系统破坏。

·作物产量下降。

·农田废弃或荒漠化。

·死亡和濒死植物数量增加。

·由于植被受损程度加剧，土壤侵蚀风险增加。

·污染饮用水。

·土壤结构中的盐分积聚，会危及道路和建筑地基。

·由于地下水位上升，土壤生物活性降低。

6 土壤盐度影响植物生长

Franklin 和 Follett（1985）描述了盐度对植物生长的影响。

·选择耐盐碱植物，减缓因土壤盐度过高造成的减产。

·植物不同生长阶段的耐盐性不同，一般植物越到发育后期，耐盐性越强。

·果树比蔬菜、大田作物和饲料作物对盐分更敏感。

·一般蔬菜对盐分的敏感性高于大田作物和饲料作物。

7 土壤盐度的视觉指标

一旦灌溉农田的土壤盐渍化程度加重，就很容易看到对土壤特性和植物生长的影响（图 1-7）。土壤盐渍化的目测指标（Shahid and Rahman，2011）包括：

a. 盐渍和植物生长不良；b. 叶片灼伤的草地；c. 作物的斑块状分布；d. 因盐胁迫而死亡的树木

图 1-7　土壤盐度现场快速诊断的目测指标

· 白色盐结皮。

· 土壤表面蓬松。

· 干燥土壤表面有盐渍。

· 种子发芽率低或不萌发。

· 斑状的作物定植。

· 植物活力降低。

· 叶片出现灼伤。

· 叶片颜色和形状发生显著变化。

· 自然生长的盐生植物（指示植物）数量增加。

· 树木死亡或濒死。

· 受影响区域在降雨后情况恶化。

· 内涝。

8 土壤盐度的实地评估

对土壤盐度的目测评估只能得到定性指示，而要定量测量土壤盐度水平则只能通过测定土壤的 *EC*。在实地测量中，不可能从泥浆中收集土壤饱和浸提液，只能利用土：水悬浮液（1 ∶ 1、1 ∶ 2.5、1 ∶ 5）测定 *EC*。

· 通过几种土水比浸提液（w/v）测量 *EC*。

· 在田间持水量（Field capacity，FC）下的 *EC*（即 EC_{fc}）最能代表田间土壤盐度，但缺点是难以提取足够的土壤水分，折中方法是利用土壤泥浆饱和浸提液进行 *EC* 测量。

· 对于大多数土壤，EC_{fc} 与 EC_e 关系为 $EC_{fc}=2EC_e$，但砂土和砂壤土除外。

· 在实验室测量土壤饱和浸提液的 EC_e 存在一定难度。鉴于 EC_e 是用于盐分管理和作物选择的合适参数，而且不同土水比浸提液的 *EC* 值不同，因此，可以在实地测量 *EC* 并与 EC_e 进行相关性分析。

· 常用现场盐度评估的土水比包括：

10 g 土壤 +10 mL 蒸馏水（1 ∶ 1）

10 g 土壤 +25 mL 蒸馏水（1 ∶ 2.5）

10 g 土壤 +50 mL 蒸馏水（1 ∶ 5）

不同土水比浸提液测得的 *EC* 值可与土壤饱和浸提液的 EC_e 相关（Sonmez *et al.*，2008；Shahid *et al.*，2013）。注意土：水比为 1 ∶ 1、1 ∶ 2.5、1 ∶ 5 浸提液的 *EC* 值是对应特定地点的，因此，只能用作一般指南。然而，一旦从相同土壤样品中建立与 EC_e 的相关性，由此导出的 EC_e 就可用于盐分管理和作物选择。根据土壤类型选用适当的换算系数（表 1–1）。

表 1–1　不同土水比浸提液测得的 *EC* 值与 EC_e 的换算关系

不同 *EC* 与 EC_e 的关系	参考文献
EC_e 对 $EC_{1:1}$	
$EC_e = EC_{1:1} \times 3.03$	Al–Moustafa and Al–Omran，1990，沙特阿拉伯
$EC_e = EC_{1:1} \times 3.35$	Shahid，2013，阿联酋（砂土）

（续表）

不同 EC 与 EC_e 的关系	参考文献
$EC_e = EC_{1:1} \times 3.00$	EAD，2009，阿布扎比酋长国（砂土）
$EC_e = EC_{1:1} \times 1.80$	EAD，2012，阿联酋北部
$EC_e = EC_{1:1} \times 2.06$	Akramkhanov *et al.*，2008，乌兹别克斯坦
$EC_e = EC_{1:1} \times 2.20$	Landon，1984，澳大利亚
$EC_e = EC_{1:1} \times 1.79$	Zheng *et al.*，2005，美国俄克拉荷马州
$EC_e = EC_{1:1} \times 1.56$	Hogg and Henry，1984，加拿大萨斯喀彻温省
$EC_e = EC_{1:1} \times 2.70$	USSL，1954，美国
$EC_e = EC_{1:1} \times 2.24$	Sonmez *et al.*，2008，土耳其（砂土）
$EC_e = EC_{1:1} \times 2.06$	Sonmez *et al.*，2008，土耳其（壤土）
$EC_e = EC_{1:1} \times 1.96$	Sonmez *et al.*，2008，土耳其（黏土）
EC_e 对 $EC_{1:2.5}$	
$EC_e = EC_{1:2.5} \times 4.77$	Shahid，2013，阿联酋（砂土）
$EC_e = EC_{1:2.5} \times 4.41$	Sonmez *et al.*，2008，土耳其（砂土）
$EC_e = EC_{1:2.5} \times 3.96$	Sonmez *et al.*，2008，土耳其（壤土）
$EC_e = EC_{1:2.5} \times 3.75$	Sonmez *et al.*，2008，土耳其（黏土）
EC_e 对 $EC_{1:5}$	
$EC_e = EC_{1:5} \times 7.31$	Shahid，2013，阿联酋（砂土）
$EC_e = EC_{1:5} \times 7.98$	Sonmez *et al.*，2008，土耳其（砂土）
$EC_e = EC_{1:5} \times 7.62$	Sonmez *et al.*，2008，土耳其（壤土）
$EC_e = EC_{1:5} \times 7.19$	Sonmez *et al.*，2008，土耳其（黏土）
$EC_e = EC_{1:5} \times 6.92$	Alavipanah and Zehtabian，2002，伊朗（表层土壤）
$EC_e = EC_{1:5} \times 8.79$	Alavipanah and Zehtabian，2002，伊朗（全剖面）
$EC_e = EC_{1:5} \times 9.57$	Al-Moustafa and Al-Omran，1990，沙特阿拉伯
$EC_e = EC_{1:5} \times 6.40$	Landon，1984，澳大利亚
$EC_e = EC_{1:5} \times 6.30$	Triantafilis *et al.*，2000，澳大利亚
$EC_e = EC_{1:5} \times 5.60$	Shirokovae *et al.*，2000，乌兹别克斯坦

9 土壤钠化度及其诊断

土壤钠化度是衡量土壤 Na^{+} 相对于 $Ca^{2+}+Mg^{2+}$ 的比例，以钠吸附比（*SAR*）或交换性钠百分率（*ESP*）表示。如果土壤的 $SAR \geqslant 13\ (mmol \cdot L^{-1})^{0.5}$，或 $ESP \geqslant 15$，即为钠质土（USSL，1954）。

9.1 土壤钠化度的目测指标

· 营养生长比正常情况差，只有少数植物存活或多数植物发育不良。

· 植物变矮。

· 雨水在地表渗透性差，存在积水。

· 雨滴飞溅，导致土壤表面密封和结皮（硬磐）。

· 水坑中的水浑浊。

· 植物生根较浅。

· 由于腐殖质复合体形成，土壤通常呈黑色。

· 耕作强度增加（尤其是对质地细密的土壤）。

· 由于存在分散性黏土，难以在实验室获得土壤饱和浸提液。

9.2 土壤钠化度的实地测试

通过对土：水（1 ： 5）悬浮液进行浊度试验，可以实地评估土壤钠化度相对水平。

· 透明悬浮液——非钠质。

· 部分浑浊糊状——中等钠化度。

· 浑浊糊状——高钠化度。

通过在这些悬浮液中放置白色塑料勺，进一步评估相对钠化度。

· 勺子清晰可见——非钠质。

· 勺子部分可见——中等钠化度。

· 勺子不可见——高钠化度。

9.3 土壤钠化度的实验室评估

通过在实验室分析土壤样本，可以准确诊断土壤钠化度。土壤钠化度用钠吸附比（*SAR*）导出的交换性钠百分率（*ESP*）表示，或通过测量交换性钠含量（Exchange sodium，*ES*）和阳离子交换量（Cation exchange capacity，*CEC*）来确定 *ESP*。

$$ESP = \left(\frac{ES}{CEC}\right) \times 100\%$$

式中，*ES* 和 *CEC* 的单位为 $mEq \cdot 100\ g^{-1}$ 土壤。*ESP* 值 =15 是界定土壤成为钠质土的阈值（USSL，1954），土壤结构开始退化，并对植物生长产生不利影响。

10 钠化度与土壤结构的关系

在干旱和半干旱地区，由于缺乏足够的淡水灌溉，往往需要使用含盐量相对较高、钠离子含量较高的水。一般认为，钠化度对土壤渗透性有显著影响。黏土的膨胀和弥散最终会破坏原始的土壤结构（影响植物生长的最重要物理性质）。土壤容重（一定体积土壤的质量）和孔隙度（土壤中砂粒、粉粒和黏粒的间隙）是表征土壤结构的主要参数。导水率（水通过土壤孔隙的难易程度，又称水力传导度）是影响土壤物理性质的净效应，并明显受土壤结构发育的影响。土壤水的钠化度对灌溉土壤的影响，既可以是表层现象（表层密封），又可以是地下现象（地下密封）（Shahid *et al.*，1992），如专栏 1–2 所示。在表层密封中，土壤水的钠化度会导致土壤团聚体因湿润而崩解和消散。当土壤表面干燥时，就会形成结皮。在地下密封中，土壤中的黏土颗粒分散并转移到亚表层，然后沉积在孔隙表面，减少孔隙体积并堵塞孔隙，限制进一步的水分运动，产生非导水性孔隙。

无论是由于水的钠化度，还是通过钠化度和雨滴飞溅侵蚀的共同作用，表层密封和结皮都有积极和消极的影响。

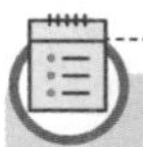

专栏 1-2

模拟系统中盐化 – 钠质水对土壤导水率和结构的影响

Shahid 和 Jenkins（1992）利用开发的土壤盐度和钠化度快速筛选模拟系统，进行了一项室内试验，以研究盐化 – 钠质水对土壤结构和水力传导度的影响。在该系统中，玻璃柱填充非盐质和非钠质土壤（典型的寒武纪土壤），既含有膨胀矿物（蒙脱石和蛭石），又含有非膨胀矿物（云母、绿泥石和高岭石），以及粉质黏壤土。在湿润和干燥循环过程中使用了 5 种灌溉水，*EC* 分别为 0 $dS \cdot m^{-1}$（去离子水）、0.5 $dS \cdot m^{-1}$、1.0 $dS \cdot m^{-1}$、2.0 $dS \cdot m^{-1}$ 和 2.4 $dS \cdot m^{-1}$，*SAR* 分别 为 0（去离子水）$(mmol \cdot L^{-1})^{0.5}$、20 $(mmol \cdot L^{-1})^{0.5}$、25 $(mmol \cdot L^{-1})^{0.5}$、40 $(mmol \cdot L^{-1})^{0.5}$ 和 36 $(mmol \cdot L^{-1})^{0.5}$。在 14 个干湿循环后，土柱通过相应的水处理（如上所述）后测量水力传导度。然后模拟降雨，施用石膏饱和溶液和采用模拟底土。

· 引入石膏饱和溶液后，柱体仍然堵塞。经检查，发现黏土片晶（clag plates）在导水孔隙中发生分散、移位和沉积，这是水力传导度大大降低的主要机制（Shahid and Jenkins，1992b；Shahid，1993）。

· 通过检查使用石膏饱和溶液改善土壤导水性的土柱表明，黏土矿物膨胀是导水率降低的主要原因。

· 施用石膏饱和溶液和深松（柱内扰动土）可显著提高土壤导水率，导水孔隙中黏土矿物的分散、迁移和沉积是土壤导水率降低的主要机制，而膨胀为次要机制。

· 最后，通过观察土柱中发育的土壤结构微形态（薄片研究）显示，泥质地层中黏土片晶的分散、迁移和沉积是制约水力传导度的主要机制（Shahid，1988；Shahid and Jenkins，1991a，1991b）。

10.1 表层密封的消极影响

· 径流增加，特别是在斜坡上，导致生蚀和细沟侵蚀。

· 植物出苗的机械阻抗。

· 密封结构下方缺乏通气。

· 植物根系发育迟缓。

· 增加耕作（种植）作业强度。

10.2 表层密封的积极影响

· 防止风蚀。

· 由于可形成更长的灌水沟，灌溉水分配更经济。

· 防止底土过度失水。

11 盐渍化土壤的分类

盐渍化土壤是指可溶性盐分含量高到足以损害作物生长的土壤。盐害的发生，取决于植物种类、品种、生长阶段和环境因素、盐分的性质，因此，很难对盐渍化土壤进行准确定义，最广泛接受的定义是在25℃时 EC_e> 4 dS · m^{-1} 的土壤。

11.1 美国农业部盐土实验室对盐渍化土壤的分类

盐渍化土壤通常包括盐质土、盐化–钠质土和钠质土（USSL，1954），如表1–2所述。

表 1–2　　盐渍化土壤分类

土壤分类	EC_e /（dS · m^{-1}）	*ESP*	pH
盐质土	≥ 4	<15	<8.5
盐化–钠质土	≥ 4	≥ 15	≥ 8.5
钠质土	<4	≥ 15	>8.5

注：引自 USSL（1954）。

11.1.1 盐质土

盐质土是指 pH<8.5、EC_e ≥ 4 dS · m^{-1} 和交换性百分率（exchangeable sodium percentage，*ESP*）<15 的土壤。高 EC_e 和低 *ESP* 通常导致土壤颗粒絮凝成团聚体。在一年中的某些时候，盐质土通常有白色盐结皮，渗透性≥类似“正常土壤”。

11.1.2 盐化－钠质土

盐化－钠质土含有的可溶性盐（$EC_e \geqslant 4\ dS \cdot m^{-1}$）可干扰大多数作物生长；盐化－钠质土含有足够的 *ESP*（≥ 15），主要通过土壤结构退化对土壤性质和植物生长产生不利影响；其 pH 可能小于或大于 8.5。

11.1.3 钠质土

钠质土一般为 $ESP \geqslant 15$、$EC_e<4\ dS \cdot m^{-1}$。其 pH 为 8.5~10，甚至可能高达 11；低 EC_e 和高 *ESP* 通常有利于土壤团聚体的抗絮凝，从而降低其对水的渗透性。

11.1.4 土壤盐度分类和植物生长

土壤饱和浸提液的电导率（EC_e）是衡量盐度的标准。USSL（1954）描述了 EC_e 和植物生长的一般关系。

· 非盐化（$EC_e \leqslant 2\ dS \cdot m^{-1}$）：盐度影响几乎可以忽略。

· 极轻盐（EC_e 2~4 $dS \cdot m^{-1}$）：非常敏感作物的产量可能受到限制。

· 微盐（EC_e 4~8 $dS \cdot m^{-1}$）：许多作物的产量受到限制。

· 中等盐分（EC_e 8~16 $dS \cdot m^{-1}$）：只有耐盐作物的产量令人满意。

· 高盐（$EC_e>16\ dS \cdot m^{-1}$）：只有少数耐盐作物的产量令人满意。

11.2 联合国粮农组织 / 教科文组织对盐渍化土壤的分类

在联合国粮农组织 / 教科文组织（1974）绘制的世界土壤地图（1 ： 5 000 000）上标明为盐土（盐质土）和碱土（钠质土）。*solonchaks* 和 *solonetz* 这两个词都起源于俄语。

11.2.1 盐土（盐质土）

盐土（盐质土）是在上部 125 cm 范围内具有高盐度（$EC_e>15\ dS \cdot m^{-1}$）的土壤。联合国粮农组织 / 教科文组织（1974）将盐土划分为 4 个制图单元。

· 典型盐土：最常见的盐土。

· 潜育盐土：地下水影响其上部 50 cm 的土壤。

· 龟裂盐土：开裂黏土中的盐土。

· 松软盐土：具有深色表层的盐土，通常有机质含量高。

· 盐度低于盐土，但 EC_e 高于 4 $dS \cdot m^{-1}$ 的土壤，被绘制为其他土壤单元的

“盐相”。

11.2.2　碱土（钠质土）

碱土（钠质土）是一种富含钠的土壤，*ESP*>15，可细分为 3 个制图单元。

· 典型碱土：最常见的碱土。

· 潜育碱土：地下水影响其上部 50 cm 的土壤。

· 松软碱土：具有深色表层的土壤，通常有机质含量高。

ESP 低于碱土（低于 15），但高于 6 的土壤，被绘制为其他土壤单元的“钠相”。

12　土壤盐渍化对社会经济的影响

盐渍化土地作物生产力的降低导致农民收入损失，甚至贫困。

· 最坏情况是农民弃耕，从农村迁移到城市，进而失业。

· 在采取可行的土壤改良措施时，成本高。

· 优质土壤（富含有机质和养分）的流失需要更多投入，施肥会增加农民的经济压力。

· 与传统作物生产系统相比，受损的盐碱农业系统经济收益较低。

13　土壤盐渍化对环境的影响

· 生态系统破碎化。

· 不良的植被生长和覆盖，导致土地退化（侵蚀）。

· 含盐量高的粉尘会导致环境问题。

· 沙子侵入生产区。

· 由于土壤侵蚀，水库的蓄水能力会降低。

· 出现高盐含量的地下水污染。

14 土壤盐度监测

要想得到土壤盐度，需要间接测量土壤溶液或土壤饱和浸提液的电导率。土壤盐度是一种重要的分析测度，反映了土壤是否适合种植作物。在测量土壤饱和浸提液的基础上，$EC_e \leqslant 2\ dS \cdot m^{-1}$（或 $mmhos \cdot cm^{-1}$）对所有作物都是安全的。EC_e 为 2~4 $dS \cdot m^{-1}$，会影响盐极敏感作物的产量。EC_e 为 4~ 8 $dS \cdot m^{-1}$，会影响大多数作物的产量。在 EC_e>8 $dS \cdot m^{-1}$ 条件下，只有耐盐作物生长良好。

在灌区和盐渍化土壤地区，土壤盐度是一个大问题，但对雨养农业通常不重要。随着微咸水灌溉的增加，今后将更加重视测定土壤 *EC*。

许多因素都可能导致盐质土形成，如利用地下咸水进行灌溉而形成盐质土。土壤盐度在垂直面和水平面上变化很大，变异程度取决于各种条件，如土壤质地、种植既能蒸发水分又能吸收盐分的植物、灌溉水质、土壤导水率和所用灌溉系统等。

土壤盐度监测计划是与盐度和 / 或钠化度灌溉水相关农业项目必不可少的组成部分。实施土壤盐度监测计划，可以追踪盐度变化，特别是植物根区（root zone）土壤的盐度变化。

15 土壤采样频率及区域

土壤采样技术众多，研究者应根据研究目的谨慎采用。研究者可从多个代表性区域随机采取土样，以得到混合土样。土壤盐度监测采样的持续时间非常重要，应根据项目性质及其目标来决定。

在草地滴灌系统中，最大盐度区在湿润锋的外围形成（图 1–8）。盐分的积累包括以下两个过程。

· 在第一个盐分积累过程中，土壤变得饱和，水分和溶质向多个方向扩散，在进一步移动前使相邻空隙饱和。

· 第二个盐分积累过程在连续灌溉周期之间，发生水的直接蒸发和植物对水、养分和盐的吸收。

在整个植物生长期内，两个盐分积累过程导致溶质在土壤中重新分布。在中部区域（两条滴灌管线之间）的土壤取样，测得的盐度值最大，但可能无法准确反映真实的土壤盐度（图 1–8）。因此，从植物根区取样，可以更好地评估土壤盐度状况。

图 1–8　草地滴灌系统中土壤最大盐度区

16　目前使用的土壤盐度诊断方法——评估、制图和监测

16.1　土壤盐度评估

准确可靠地测量土壤盐度，可以更好地管理土壤，提高作物产量，保持根区土壤“健康”。选择土壤盐度评估方法，取决于测定目标和面积、待评估土壤深度、测量次数和频率，以及所需准确度的选择和可用资源。

目前土壤盐度评估工具有许多：如为评估目前的盐度问题和预测该地区未来的盐度风险而编制的盐度监测地图；还包括土壤表面盐度指标、植被指标、常规盐度测定（$EC_{1:1}$、$EC_{1:5}$、EC_e），以及大地电导率仪 EM38、盐度传感器等。

16.1.1　常规方法

一般采用地质参考（使用 GPS）实地采样和实验室分析法进行土壤盐度测量，是评估土壤盐度的标准方法。土壤饱和持水量与土壤结构、表面积、黏粒含量和阳离子交换量（*CEC*）有关。许多实验室使用了较低的土水比（1 ∶ 1、1 ∶ 2.5、

1 ∶ 5）测定土壤盐度，但如果用于选择耐盐植物，土壤盐度需要用 EC_e 进行校准。

16.1.1.1　使用饱和泥浆

从饱和土壤泥浆中提取溶液（含水量为田间持水量的两倍）的 *EC*，与多种植物的生长或毒性反应有关。测量土壤饱和浸提液电导率（EC_e）是目前公认的土壤盐度测量方法。然而这个过程非常耗时，而且需要真空过滤。值得注意的是，基于从饱和土壤泥浆或固定土壤悬浮液中获得的浸提液土水比（通常为 1 ∶ 1、1 ∶ 2.5 或 1 ∶ 5）测量的 *EC* 相关性并不可靠。主要原因是，给定张力下的持水量受土壤质地、黏土矿物类型及其他因素的影响。采用此类浸提液或采用更广泛土水比，在土壤采样能力有限情况下更方便。

16.1.1.2　饱和泥浆的制备

· 在 500 mL 塑料烧杯中，称取过筛网（<2 mm）风干土壤 300 g。

· 逐渐添加去离子水（Deionized water，DI）至土壤湿润，并用搅拌刀（spatula）搅拌，直到获得光滑糊状物，必要时添加水或土壤。

· 当容器倾斜时，泥浆应闪亮并稍微流动。饱和的泥浆表面应有游离水，且能从搅拌刀上滑下来。

· 盖上烧杯，使饱和泥浆过夜。

· 第二天早上重新混合泥浆，添加水或土壤，使泥浆达到饱和点。

16.1.1.3　土壤饱和浸提液的收集和 *EC* 测量

· 将 Whatman 42 号圆形滤纸放在布氏漏斗中（该漏斗连接在带有真空吸管的过滤架上），用去离子水润湿滤纸。

· 确保湿滤纸紧紧贴在漏斗底部，覆盖布氏漏斗上的所有孔。

· 启动真空泵，打开吸入口，向布氏漏斗中添加饱和土壤泥浆（图 1–9）。

· 继续过滤，直到布氏漏斗上的泥浆开始出现裂缝。

· 如果滤液不清澈（浑浊或呈糊状），应再用另一张湿滤纸过滤，以获得清澈浸提液。将澄清滤液转移至 50 mL 瓶中。

· 打开电导率仪，将电极浸入土壤饱和浸提液中，记录 *EC* 读数。

· 从滤液中取出电极，用喷射瓶中的去离子水彻底冲洗，用纸巾小心地擦干电极。

· 如果要对一系列样品进行准确的 EC_e 比较，则必须测量浸提液温度，并使

图 1-9　收集饱和泥浆浸提液的装置

用校正系数（至 25℃）。现在仪器会自动校正读数到 25℃。

· 使用 0.01 N KCl 溶液检查 EC 仪表精度，该溶液在 25℃时读数应为 1.413 dS · m^{-1}。

16.2　现代土壤盐度测量方法

16.2.1　土壤盐度探针

带有土壤盐度探针的活度计非常方便，可以提供即时表观电导率（Apparent electrical conductivity，EC_a），用 mS · cm^{-1} 和 g · L^{-1} 表示。有许多设备可用于测量原位盐度，如德国制造的便携式土壤盐分测定仪 PNT3000 COMBI，通常用于农业、园艺和景观场地快速盐度评估和监测，EC 测量范围为 0~20 mS · cm^{-1} 和 20~200 mS·cm^{-1}。该仪器包括一个用于直接测量土壤盐度的 250 mm 长不锈钢电极、一个带有镀白金环形传感器的 EC 塑性探头和一个铝制便携式箱。该仪器只需一个按键，即可实现全方位测量。然而，采用相同土壤位置 EC_e 来验证 EC_a 值是至关重要的。在任何情况下，EC_a 必须与 EC_e 相关联，以评估作物的耐盐性。Shahid（2013）利用大量盐渍化农田数据，建立了 EC 探针测量的 EC_e 和 EC_a 的相关性。

EC_a（土壤盐度探针）与浸提液 EC（不同土水比）

由于许多原因，土壤饱和浸提液的实验室分析仍然是评估土壤盐度最常用的技术。饱和泥浆提取盐分（EC_e）被认为是标准程序，因为土壤在饱和状态下的持水量（饱和百分比），与质地、表面积、黏粒含量和阳离子交换量（CEC）等土壤参数有关。

较低的土水比（如 1 ： 1、1 ： 2.5、1 ： 5）使盐分提取更容易，但与饱和泥浆相比，则存在较大偏差。选择设备或程序，取决于被评估区域的面积和土壤深度、测量的次数和频率，以及所需精度和资源可用性。盐度监测的标准方法是在一定时间内从根区采集土壤样本，然后在实验室中制作土壤饱和浸提液，再进行分析。

作为国际盐碱农业中心（ICBA）盐度监测项目的一部分，土壤小组从用不同盐度水（高者可达海水的浓度）灌溉的试验地块中收集了大量土壤样本（图 1–10）。这些土壤样品经过风干和处理，再从中收集不同土水比（1 ： 1、1 ： 2.5 和 1 ： 5）悬浮液，以及由饱和土壤泥浆制成的土壤浸提液。实地电导率可用盐度探针测量。使用统计检验计算相关性和决定系数（R^2），并得出系数，以便将 EC_a（通过使用盐度探针在几种土壤含水量下测定的电导率）转换为 EC_e。

ICBA 实验站细沙质地等级的关联式见表 1–3（Soil Survey Division Staff，2017）。根据盐质化田块的实地勘测（Shahid，2013），表观电导率 EC_a 与饱和泥浆的电导率 EC_e 换算关系为：$EC_e=EC_a \times 3.81$。

图 1–10　使用盐度探针 PNT3000 进行草地盐度监测

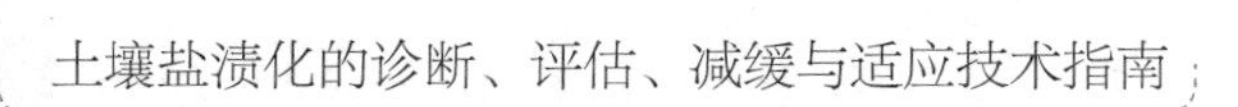

表 1-3　使用实地探测仪（EC 探头）测量的 EC_a，与不同土水比（1：1、1：2.5、1：5）悬浮液 EC 和 EC_e 的相关关系

EC_e=2.293 6 EC_a（田间探测）+ 4.017 7（R^2 = 0.889 6）
$EC_{1:1}$=0.792 9 EC_a（田间探测）+ 0.813 1（R^2 = 0.944 9）
$EC_{1:2.5}$=0.605 7 EC_a（田间探测）+0.476 3（R^2 = 0.910 5）
$EC_{1:5}$=0.473 3EC_a（田间探测）+ 0.326 9（R^2 = 0.902 3）

16.2.2　电磁感应（EMI）

农场一级的盐度评估和管理有利于提高作物生产力。传统的现场取样和实验室分析较为繁琐、成本高，且耗时长。使用大地电导率仪 EM38 的电磁感应（Electromagnetic induction，EMI）方法，也可以快速有效地用于实地盐度制图，EM38 可以快速评估土壤的表观电导率（EC_a）。

EM38 由一个发射线圈和一个接收线圈组成。发射线圈感应电流进入土壤，接收线圈产生和电磁场信号。EM38 在垂直和水平偶极模式的最大探测深度分别为 150 cm 和 75 cm（图 1-11）。利用 EMI 技术进行 EC 制图，是最简单、最经济的盐度测量方法之一。地理信息系统信息与盐度数据结合生成盐度分布图，可以帮助农民理解作物产量的变化和不同田块间的细微盐度差异，开发适种区，最终获得更高产量。

EMI 技术彻底改变了土壤盐度评估状况。McNeill（1980）最早描述了 EMI 技

图 1-11　使用 EM38 分别以垂直模式（左：草地）和水平模式（右：滨藜地）测定 EC_a

术应用于评估土壤盐度，他提出了使用大地电导率仪绘制地下电导率横向变化图的理论基础。EMI 技术（Geonics EM31、EM34-3、EM38）很快取代了传统的四电极电阻率测量技术［4-electrode resistivity （galvanic） traversing techniques］，特别是当证明两种方式的土壤盐度测量结果非常接近时（Cameron *et al.*，1981）。

研究者描述了土壤盐分在单个田块（Cameron *et al.*，1981）、农场（Norman *et al.*，1995a，b）、地区（Vaughan *et al.*，1995）和区域（Williams and Baker，1982）尺度上的空间分布。Baerends 等（1990）使用 EM38 对 37 hm^2 实验区进行了详细的土壤盐度调查。他们测量了 3 600 多个样点的土壤电导率，发现贫瘠荒地、休耕地和耕地的盐度差异显著，贫瘠荒地的含盐量较高，休耕农田的含盐量适中，而耕地的含盐量最低。Baerends 等（1990）发现 EM38 调查结果与目测调查结果吻合，但 EM38 的分辨率更高。电磁感应法对盐度变化比较敏感，可以在一年中的任何时候进行测量。

EM38 可安装在农用车的前轮上使用（Rhoades，1992）。配置水平（EMH）和垂直（EMV）磁线圈时，将传感器置于不同高度，可以获得电磁读数。通过高度的调整（每次调整需要 20~30 s），获得多次读数，可计算 0~30 cm、30~60 cm、60~90 cm 和 90~120 cm 土壤深度的 EC_a。不同土壤深度和位置的盐度数据集也可用于评估过去淋洗 / 排水是否充分（Rhoades，1992）。例如，在土壤剖面中，当盐度随深度降低时，水和盐分的净通量向上，表明淋洗不足和 / 或排水不良。当土壤剖面中的盐分随深度增加时，可以推断水和盐分的净通量是向下的，表明淋洗 / 排水充分。当盐度较低且随着深度增加而相对均匀时，则推断淋洗过量，可能导致其他地方内涝，受纳水体的含盐量较高。

Rhoades 和 Ingvalson（1971）研究表明，实地的土壤盐度也可以用传统的地电法进行评估。该方法可用于测量整个根区的土壤盐度（Yadav *et al.*，1979；Nadler and Frenkel，1980；Rhoades and Oster，1986）。Rhoades 和 Van Schilfgaarde（1976）阐述了同样的技术，开发了另一种测量土壤盐分随深度增加分布的电导率探针，利用这种探针，可测定根区特定深度的土壤盐度。因此，四电极技术可以成功应用于盐质土的调查（Halvorson *et al.*，1977；Nadler，1981）。

Williams 和 Baker（1982）首先认识到利用电导率仪进行土壤盐度普查的可能性。EM 电导率仪测得的表观电导率（EC_a）值与土壤中盐度增加呈正相关（Rhoades *et al.*，1989；Cook *et al.*，1992；Acworth and Beasley，1998），由此可以根据测量

的 EC_a 预测土壤盐度。对于土壤质地均匀的区域，含盐量与 EC_a 的相关性非常高；对于电导率不同的区域，有必要为每个区域确定独立的 EC_a 值。

电导率成像法提供了另一种方法，利用四电极阵列在垂直面的采样数据建立 EC_a 函数。Acworth 和 Griffiths（1985）、Griffiths 和 Baker（1993）描述了该方法，但尚未得到广泛应用。因为创建 EC_a 值的初始分布模型存在困难，实现与实地数据匹配的 EC_a 数据“模型正演”耗时相当长。即便如此，这些仪器仍在世界不同地区定期用于土壤盐度调查（Job *et al.*，1987；Williams and Hoey，1987；Boivin *et al.*，1988）。电导率图像法的主要优点是，测量速度几乎与一个人从一个测量地点到另一个测量地点的速度一样快；测量大量土壤样本减少了变异性，通过较少测量就可以比较准确估计田块的平均盐度。

在 Nettleton 等（1994）的研究中，EM 感应方法已被扩展到用于识别钠质土（sodium-affected soils），在测量土壤盐度和钠化度方面具有巨大潜力。然而，由于该方法所测定土壤钠化度的准确度不高，因此，应用于钠质土的研究受到限制。

利用 EM38 测定土壤 *EC* 的影响因素

土壤中的电传导是通过土壤颗粒间隙水进行的，因此，土壤 *EC* 由土壤性质决定（Doerge，1999）。

（1）孔隙度：土壤孔隙度越大，越容易导电。黏土的孔隙度比砂土的孔隙度更大，因此，更容易导电。潮湿土壤压实后，通常会降低土壤 *EC*。

（2）土壤含水量：干土的电导率远低于湿土。

（3）盐度水平：提高土壤水电解质（盐分）浓度，会显著提高土壤 *EC*。

（4）阳离子交换量：含有高水平有机质（腐殖质）和 / 或 2 ∶ 1 型黏土矿物（如蒙脱石或蛭石）的矿质土（Mineral soils），具有更高的保留带正电离子（如 Ca^{2+}、Mg^{2+}、K^+、Na^+、NH_4^+ 或 H^+）能力。这些阳离子与盐度水平一样，会增强土壤 *EC*。

（5）温度：随着土壤温度向水的冰点下降，土壤 *EC* 略有下降。在冰点以下，土壤孔隙之间的隔离程度越来越高，土壤 *EC* 迅速下降。

16.2.3　盐分传感器和数据采集器

实时动态自动盐度记录系统（RTASLS），由陶制的盐度传感器埋在植物根区，每个传感器都配有一个 16 位分辨率的外部智能接口。该接口由一个集成微处理器组成，会记录包括电源要求和允许传感器自主间隔运行的信息。智能接口与数据总线相连，数据总线与智能数据采集器连接。智能数据采集器可自动识别每个盐度传感器，并按预定间隔记录信息。在数据记录器显示屏上可现场查看传感器的瞬时读数，也可以在现场使用记忆棒或远程使用智能手机访问数据。由于技术的进步，有多种传感器可供选择。这种实时数据记录系统（图 1-12）已安装在迪拜ICBA 试验站的草地上（Shahid *et al.*，2008）。

盐度数据记录系统方便使用，操作者不需要具备电子学或计算机编程知识。通过超级终端访问一个简单的菜单系统，就可以自定义配置智能数据记录器或盐度传感器，实现对每个传感器设置的完全控制。另外，还可以使用 Excel 对智能数据记录器数据进行统计绘图。

a. 盐草根区的传感器位置；b. 连接到智能接口的嵌入式传感器；c. 连接到数据总线的智能接口；d. 在数据采集器（Data Logger）上读取的瞬时盐度（注：引自 Shahid *et al.*，2008）

图 1-12　ICBA 实验站实时盐度记录系统

16.2.3.1　系统安装和运行

盐度传感器埋在 30 cm 和 60 cm 深的盐草地［盐草（*Distichlis spicata*）和盐地鼠尾粟（*Sporobolus virginicus*）］中，分别用 *EC* 为 10 dS · m^{-1}、20 dS · m^{-1} 和 30 dS · m^{-1} 的咸水灌溉。一个灌溉周期内土壤盐度的动态变化反映了灌溉水的

盐分对草根区盐度的影响，以及灌溉条件下盐度是如何不断变化的。虽没有安装土壤水分传感器，但土壤温度也有助于解释土壤水分运动。图 1–13 显示了 25 天盐度监测的重点，其中第 15~19 天是一个降雨期。

16.2.3.2　土壤盐度监测

在盐草地记录的土壤盐度数据表明：

· 传感器安装后约 10 天才能与土壤水溶液达到平衡，使用 *EC*=30 dS · m^{-1} 灌溉水尤其明显。

· 采用 *EC*=10 dS · m^{-1} 灌溉水测得的盐度稳定，通常为 6~8 dS · m^{-1}，降雨后变化不大。

· 根据标准灌溉和管理措施，采用 *EC*=20 dS · m^{-1} 灌溉水在 30 cm 土壤深处盐度为 10 dS · m^{-1}，在 60 cm 土壤深处盐度为 14~16 dS · m^{-1}。降雨迅速降低了 30 cm 和 60 cm 土壤深度的盐度。在 60 cm 土壤深处，盐度下降 8~ 10 dS · m^{-1}，如从 16 dS · m^{-1} 降至 6 dS · m^{-1}。

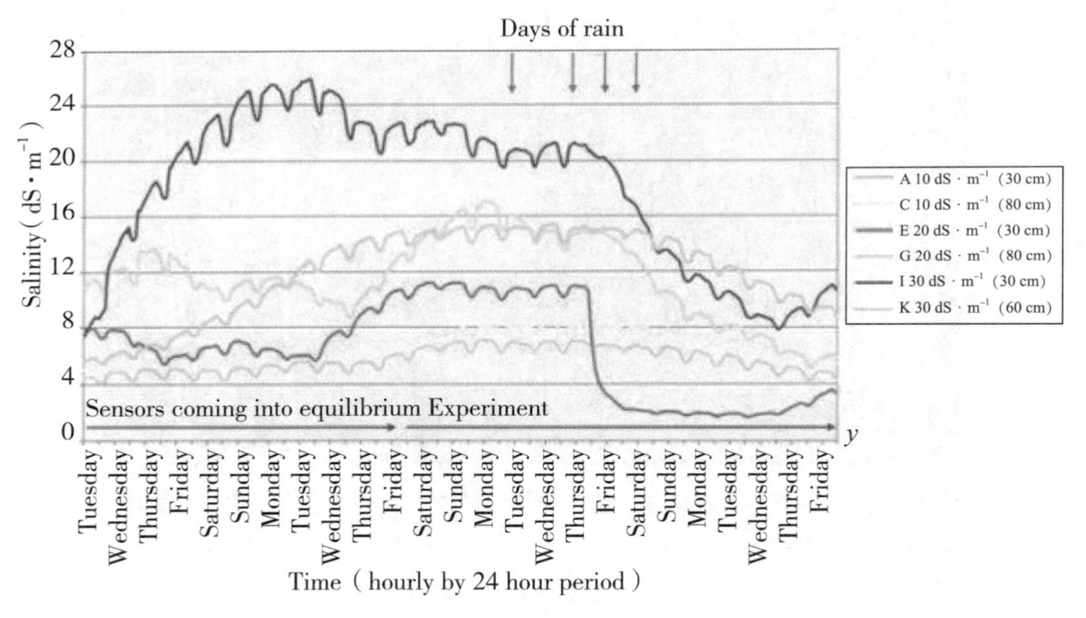

y 轴显示不同日期的土壤盐度波动。试验地采用 *EC*=10 dS · m^{-1}（A，C）、20 dS · m^{-1}（E，G）和 30 dS · m^{-1}（I，K）的咸水灌溉

Salinity：盐度；Time （hourly by 24 hour period）：时间（每小时，24 小时制）；Days of rain：降雨天；Sensors coming into equilibrium：传感器达到平衡；Experiment：试验

图 1–13　对 ICBA 实验站的盐草地进行土壤盐度监测

· 根据标准灌溉和管理措施，采用 EC=30 dS · m^{-1} 灌溉水在 30 cm 土壤深处盐度高于 20 dS · m^{-1}，在 60 cm 土壤深处盐度高于 14~16 dS · m^{-1}。这些盐度值高于其他灌溉水处理，反映了灌溉水的高盐度。

· 通过观测盐度的日变化和降雨后的快速变化，表明了传感器对土壤盐度变化的敏感性。日变化数据表明，当土壤在 9：00~16：00（即再次灌溉水）干燥时，土壤盐度略有下降。

16.3 利用遥感（RS）和地理信息系统（GIS）监测土壤盐度并绘图

遥感和地理信息系统已经在许多土壤研究中得到应用。利用遥感和地理信息系统技术，研究者可以在大小尺度上进行盐度制图，预测易受“盐胁迫”影响的地点。地理信息系统是一种计算机应用程序，包括按地理位置描述的数据存储、分析、检索和显示等。最常见的空间数据显示工具是地图，GIS 实际上是一种以电子方式存储地图信息的方法。与旧式地图相比，地理信息系统地图有许多优点，由于数据是以电子方式存储的，因此，可由计算机进行分析。就土壤盐度而言，科学家可以利用降雨、地形与土壤类型等数据（实际上，可以利用任何可用的空间电子信息）来确定土壤易受盐渍化的影响因素，预测可能面临风险的地区。

遥感图像非常适合土壤盐度的表面表达（Spies and Woodgate，2005）。例如，植被覆盖不良可能是土壤盐渍化的表象，需再结合地下水埋深信息判断。评估和绘制土壤盐度图，然后提供相关信息，采取必要行动，以防止新地区盐渍化程度加重。最后，还需要知道如何管理土壤盐度，以实现土地资源的可持续利用。

盐渍化和植物种植区可根据绿度和亮度确定和分配盐度指数，该指数表示植物叶片水分受到盐度的影响程度。采用分离波段的标准假彩色合成，或者利用计算机软件，辅助进行陆地表面分类（Vincent *et al.*，1996）。亮度指数可以显示土壤盐度水平。卫星图像有助于评估盐渍土范围，并能实时监测其变化。盐渍化农田通过存在的斑点状白色沉淀盐块来识别。这种沉淀物通常出现在海拔较高或没有植被的地区，是水分蒸发后留下的盐渣，但卫星图像显示的这种盐结皮并不是根区高盐度的可靠证据。利用多光谱影像绘制土壤盐度图，会造成盐渍土支持植物生长（如盐碱农业）地区的误差。植物覆盖掩盖了土壤的直接感测，耐盐植物不能与其他地被植物区分开来，除非进行广泛的实地调查，以证实这些信息。

遥感技术可以为不同水盐平衡程度的大面积地区提供有用信息，并能识别蒸散、降雨分布、截留损失等参数，以及植物类型和植物密度。在没有直接估计的情况下，这些参数可作为间接测量盐度和涝渍的证据（Ahmad，2002）。

16.4　全球遥感在盐度监测和测绘制图中的应用

在许多国家，利用遥感和地理信息系统监测盐度并绘图是很常见的，如科威特和阿布扎比酋长国的土壤普查（KISR，1999a，b；Shahid *et al.*，2002；EAD，2009）。在区域和国家一级（Sukhani and Yamamoto，2005），RS 和 GIS 被用于涝渍和盐度监测（Asif and Ahmed，1999）。RS 被用于中东地区的土壤盐度测绘（Hussein，2001），RS 和 GIS 被用于盐渍化土壤制图（Maher，1990）。

专题制图仪（Thematic Mapper，TM）的第 5 和第 7 波段经常用于检测土壤盐度或排水异常（Mulders and Epema，1986；Menni *et al.*，1986；Zulaga，1990；Vincent *et al.*，1996），以及利用卫星遥感对盐度进行广泛监测（Dutcheewics and Lewis，2008）。Metternicht 和 Zinck（1997）研究表明，利用 Landsat TM（美国陆地卫星专题制图仪）和 JERS–ISAR（日本地球资源卫星智能合成孔径雷达）获得数据（可见和红外区域），是区分盐质土、钠质土和非盐渍土的最佳方法。用于详细测绘和监测盐质土的 Landsat SMM（太阳峰年）和 TM 数据，已被印度用于勘测土壤。Abdelfattah 等（2009）开发了一个模型，可将遥感数据与 GIS 技术相结合，以评估、表征土壤盐度并绘图。盐度问题在阿布扎比酋长国沿海地区普遍存在，2003 年进行了一项试点研究。盐度模型开发分为 4 个主要阶段：利用遥感数据进行盐度探测、现场观测（现场地面检查）、对比检验（遥感数据目视解译生成的盐度图和现场观测生成的盐度图）和模型验证。GIS 是整合现有的数据和信息来设计模型，创建不同的地图。研究者建立了一个地理数据库，将从观测点收集的数据与实验室分析数据融合在一起。在这项研究中，遥感数据与现场观测数据绘制的盐度图相关性表明，在二者各自划定的盐渍化区域中，有 91.2% 区域具有良好的吻合性，因此，可以采用该模型。

遥感获取的是地球表面信息，而实际上并没有与之接触。Shahid 等（2010）描述了利用遥感评估土壤盐渍化的基本原理，以及在科威特、阿布扎比酋长国和澳大利亚已有研究实例。将一段时间内遥感测绘生成的盐度图与数字高程模型（DEM）相结合，有助于预测该地区的盐渍化风险。

16.5 地统计学

地统计学是利用有限样本数据解释地表特征的一种方法，广泛应用于“空间数据”研究领域。地统计学可分为两个步骤，第一步是分析收集的数据，以确定研究区域内各个位置数值的可预测性，生成半变异图。该图根据两个位置之间的距离和方向来建模。第二步是估计未采样位置的数值，该过程被称为克里金（kriging）。普通克里金是使用相邻样本的加权平均值，来估计给定位置的“未知值”。利用半方差函数模型、样本位置、已知值与未知值的相关性，对权重进行优化。该技术还提供了一个“标准误差”，可用于计算置信度。地统计学广泛应用于矿产资源和储量评估领域，如从相对较小的一组钻孔或其他样本中估计品位和其他参数。目前地统计学在水文地质勘察中得到了广泛应用，也被应用于地下水资源保护、土壤盐度制图和天气预报等领域。地统计学技术如普通和协同克里金（co-kriging），已应用于盐度测量数据，以更准确地反映土壤盐分空间分布（Boivin *et al.*，1988；Vaughan *et al.*，1995）。绘制土壤盐分图可以使用克里金法和反距离加权法（Iverse Distance Weighted，IDW）（来源：www.esri.com）。

16.5.1 克里金法

克里金法是一种先进的地理统计程序，由一组具有 z 值（高程）的离散点生成估计曲面（图 1-14）。克里金法假设样本点之间的距离或方向反映了空间相关性，可以用来解释地表的变化。克里金工具将数学函数拟合到指定数量的点或指定半径内的所有点，以确定每个位置的输出值。克里金法包括对数据的探索性统计分析，变异函数建模，创建曲面和探索方差曲面等步骤。当知道数据中存在样本点距离或方向偏差时，克里金法是最合适的，因此，经常被用于土壤科学和地质学研究。

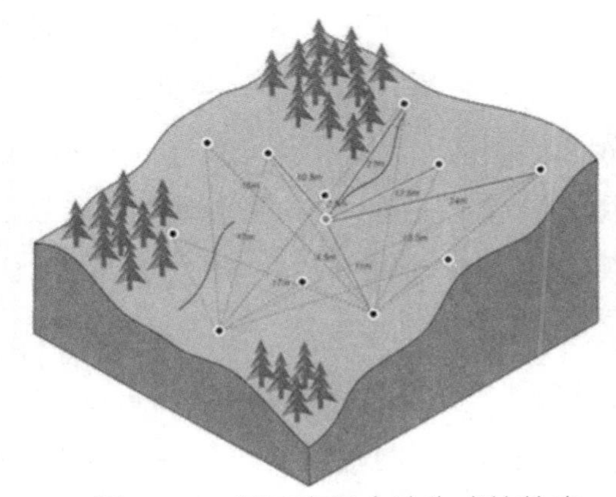

图 1-14 基于克里金法生成的盐度

16.5.2 反距离加权（IDW）插值

反距离加权插值是使用一组采样点的线性加权组合确定单元值（图1–15）。权重是距离倒数的函数。被插值的曲面应该是位置因变量的曲面。该方法假设被映射的变量，因采样位置距离的增加而减小影响。

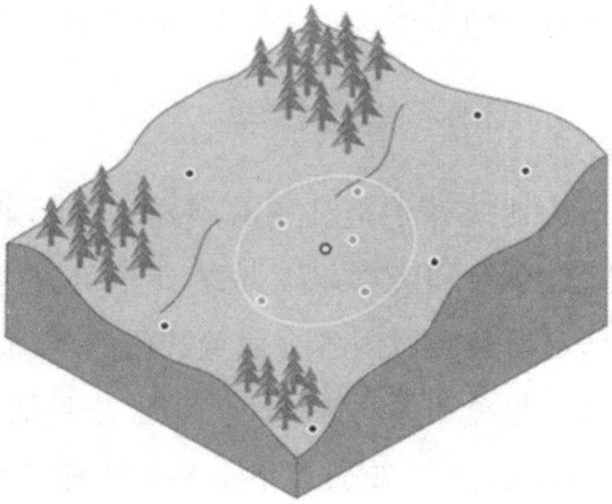

图 1–15　基于反距离加权（IDW）插值法生成的盐度

16.6 形态学方法

盐矿物的形态细节，可从宏观、中观、微观和亚微观 4 个层面获得。

16.6.1 宏观形态

在大范围实地调查中可以观察土壤盐分宏观特征（图 1–16a），可以用数码相机（静态或动态）捕捉。宏观形态调查提供了关注地区的有用信息。

16.6.2 中观形态

当肉眼无法分辨出感兴趣特征的细节时，可进行中观形态观察（图 1–16b）。在野外用放大镜或在实验室用双目低倍显微镜进行观察。

16.6.3 微观形态

（1）光学显微镜：我们可以借助高倍数光学显微镜，分辨土壤薄片（Soil thin sections）细节（图 1–16c），土壤薄片是用树脂浸渍盐质土硬化而成的，树脂完全聚合后，用金刚石锯切成薄片。在超声波浴中用石油溶剂清洗浸渍块。在抛光研磨机上，以 Hyprez 液为润滑剂，用 6 μm、3 μm 厚金刚石研膏依次研磨和抛光浸渍土块的一面。抛光块用树脂粘在玻片上，用研磨和抛光机研磨至 25 μm 厚（Shahid，1988）。

（2）电子显微镜：使用电子显微镜（扫描和透射）亚显微观察样品细节（图 1–16d）。在样品底部和残端（stub）表面涂上银溶胶悬浮液，用环氧树脂将样品粘到残端上。制备好的样品在真空下涂碳或金钯（20~30 nm 厚，是一种合金），以防止电荷积聚，保持样品表面电势恒定，然后用扫描电子显微镜观察样品。

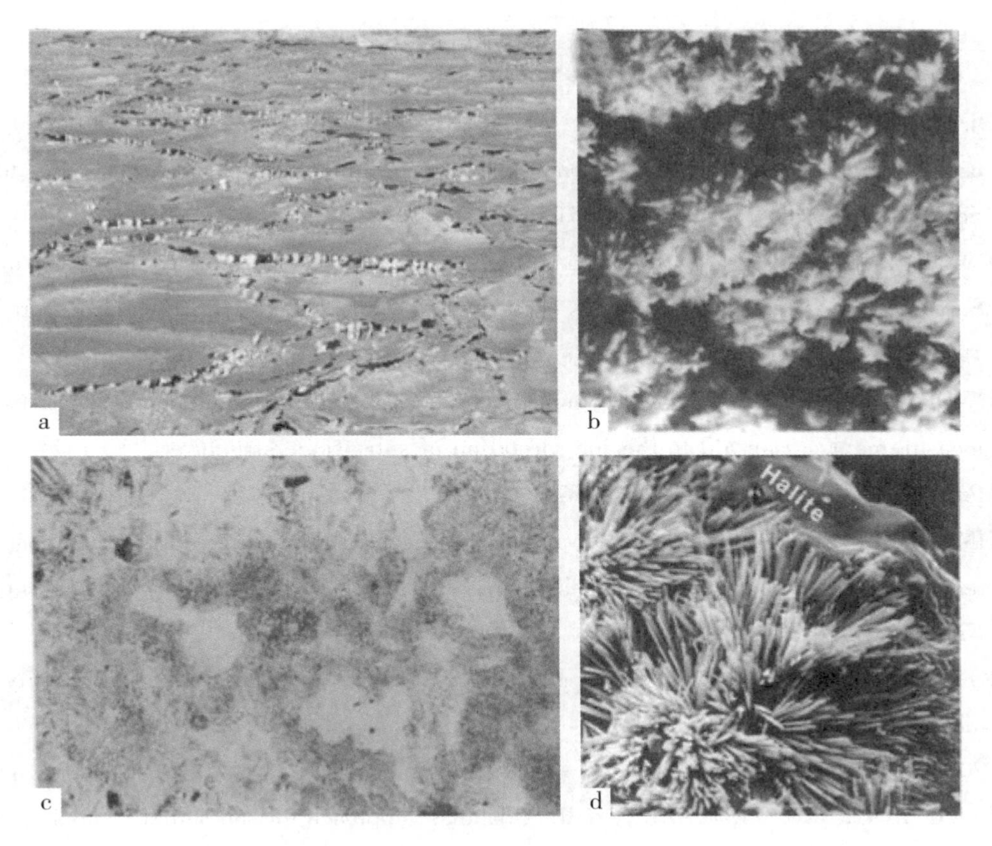

a. 土壤盐分宏观特征－肉眼观察（盐结皮）（宽 20 m）；b. 中观特征－双目观察 $NaHCO_3$ 矿物（宽 1 100 μm）；c. 微观形态特征－薄切片（宽 1 000 μm）光学显微镜观察硫酸钠（Na_2SO_4）矿物；d. 板条状钙芒硝［$Na_2Ca(SO_4)_2$］矿物的微观形态特征－亚显微观察－扫描电镜（宽 64 μm）（注：引自 Shahid，1988；2013）

图 1-16 不同观测尺度下的盐分特征

（3）结合显微镜技术：Bisdom（1980）将光学显微镜与亚显微方法相结合，后来又与接触显微放射照相术相结合（Drees and Wilding，1983）。电子显微镜可辅以微量化学分析仪（能量色散 X 射线析仪 -EDXRF、波长色散 X 射线分析 -WDXRA），进行原位微量化学分析（无损）。为了亚显微观察盐结皮，需要在盐结皮上涂金钯（一种合金）或者碳，成为导体。超显微技术已广泛用于矿物盐研究，如土耳其（Vergouwen，1981）和巴基斯坦（Shahid，1988；Shahid *et al.*，1990；Shahid *et al.*，1992；Shahid and Jenkins，1994；Shahid，2013）学者的研究。

参考文献

ABDELFATTAH M A, SHAHID S A, OTHMAN Y. Soil salinity mapping model developed using RS and GIS–a case study from Abu Dhabi, United Arab Emirates [J]. Eur J Sci Res, 2009, 26 (3): 342–351.

ACWORTH R I, BEASLEY R. Investigation of EM31 anomalies at Yarramanbah/Pump Station creek on the Liverpool Plains of New South Wales. In: WRL Research Report No 195 [M]. Sydney: University of New South Wales, 1998: 70.

ACWORTH R I, GRIFFITHS D H. Simple data processing of tripotential apparent resistivity measurements as an aid to the interpretation of subsurface structure [J]. Geophys Prospect, 1985, 33 (6): 861–867.

AHMAD M D. Estimation of net groundwater use in irrigated river basins using geo–information techniques: a case study in Rechna Doab, Pakistan [D]. Enschede: Wageningen University, 2002.

AKRAMKHANOV A, SOMMER R, MARTIUS C, *et al.* Comparison and sensitivity of measurement techniques for spatial distribution of soil salinity [J]. Irrig Drain Syst, 2008, 22 (1): 115–126.

ALAVIPANAH S K, ZEHTABIAN G R. A database approach for soil salinity mapping and generalization from remote sensing data and geographic information system [C]. FIG XXII International Congress, Washington DC, USA, 2002.

AL–MOUSTAFA WA, AL–OMRAN AM. Reliability of 1 : 1, 1 : 2, and 1: 5 weight extracts for expressing salinity in light–textured soils of Saudi Arabia [J]. J King Saud Univ Agric Sci, 1990, 2 (2): 321–329.

ASIF S, AHMED M D. Using state–of–the–art RS and GIS for monitoring waterlogging and salinity [M]. Lahore, Pakistan: International Water Management Institute, 1999: 16.

BAERENDS B, RAZA Z I, SADIQ M, *et al.* Soil salinity survey with an electromagnetic induction method [A]. Proceedings of the Indo–Pak workshop on soil salinity and water management [C]. Islamabad, Pakistan, 1990: (1), 201–219.

BISDOM E B A. A review of the application of submicroscopy techniques in soil micromorphology. I. Transmission electron microscopy (TEM) and scanning electron microscopy (SEM). In: Bisdom EBA (ed) Submicroscopy of soils and weathered rocks [M]. Pudoc, Wageningen, 1980: 67–116.

BOIVIN P, HACHICHA M, JOB J O, *et al.* Une méthode de cartographie de la salinité des sols：conductivité électromagnétique et interpolation par krigeage ［J］. Sci du sol，1988，27：69–72.

CAMERON D R，READ D W L，JONG E D，*et al.* Mapping salinity using resistivity and electromagnetic inductive techniques ［J］. Can J Soil Sci，1981，61：67–78.

COOK P G，WALKER G R，BUSELLI G，*et al.* The application of electromagnetic techniques to groundwater recharge investigations ［J］. J Hydrol，1992，130：201–229.

DOERGE T. Soil electrical conductivity mapping ［J］. Crop Insights，1999，9（19）：1–4.

DREES L R，WILDING L P. Microradiography as a submicroscopic tool ［J］. Geoderma 1983，30：65–76.

DUTKIEWICS A，LEWIS M. Broadscale monitoring of salinity using satellite remote sensing：where to from here? ［A］. 2nd International Salinity Forum Adelaide ［C］. Australia，2008：6.

EAD. Soil survey of Abu Dhabi Emirate ［J］. Environment Agency Abu Dhabi. 2009，5.

EAD. Soil survey of Northern Emirates ［J］. Environment Agency Abu Dhabi. 2012，2.

FAO–UNESCO. Soil map of the world. 1 ： 5, 000, 000. UNESCO，Paris，1974，1–10.

FRANKLIN W T，FOLLETT R H. Crop tolerance to soil salinity ［A］. Service in action：Colorado State University Extension Service［C］，1985：505.

GRIFFITHS D H，BAKER R D. Two–dimensional resistivity imaging and modeling in areas of complex geology ［J］. J Appl Geophys，1993，29：211–226.

HALVORSON A D，RHOADES J D，REULE C A. Soil salinity – four–electrode conductivity relationships for soils of the northern great plains ［J］. Soil Sci Soc Am J，1977，41（5）：966–971.

HOGG T J，HENRY J L. Comparison of 1 ： 1 and 1 ： 2 suspensions with the saturation extract in estimating salinity in Saskatchewan soils ［J］. Can J Soil Sci，1984，64（4）：699–704.

HUSSEIN H. Development of environmental GIS database and its application to desertification study in Middle East. A Remote sensing and GIS application ［D］. Japan：Graduate School of Science and Technology，Chiba University，2001：155.

JOB J O，LOYER J Y，AILOUL M. Utilisation de la conductivite electromagnetique pour la mesure directe de la salinite des sols ［J］. Cah ORSTOM，ser Pedol，1987，23（2）：123–131.

KISR. Soil survey for the state of Kuwait – Volume II：Reconnaissance survey ［M］. Adelaide：AACM International，1999a.

KISR. Soil survey for the state of Kuwait – Volume IV: Semi-detailed survey [M]. Adelaide: AACM International, 1999b.

LANDON J R. Booker tropical soil manual, Paperback edn [M]. New York/London: Routledge Taylor & Francis Group, 1984: 474.

MAHER M A A. The use of remote sensing techniques in combination with a geographic information system for soil studies with emphasis on quantification of salinity and alkalinity in the northern part of the Nile delta [D]. ITC: MSc thesis Enschede Netherlands, 1990.

MCNEILL J D. Electromagnetic terrain conductivity measurements at low induction numbers [M]. Mississauga, Ontario, Canada: Geonics Limited Technical Notes TN-6, Geonics Ltd, 1980: 15.

MENENTI M, LORKEERS A, VISSERS M. An application of thematic mapper data in Tunisia [J]. ITC J, 1986, 1: 35-42.

METTERNICHT G B, ZINCK J A. Spatial discrimination of salt- and sodium-affected soil surfaces [J]. Int J Remote Sens, 1997, 18 (12): 2571-2586.

MULDERS M A, EPEMA G F. The thematic mapper: a new tool for soil mapping in arid areas [J]. ITC J 1986, 1: 24-29.

NADLER A. Field application of the four-electrode technique for determining soil solution conductivity [J]. Soil Sci Soc Am J, 1981, 45: 30-34.

NADLER A, FRENKEL H. Determination of soil solution electrical conductivity from bulk soil electrical conductivity measurements by the four-electrode method [J]. Soil Sci Soc Am J, 1980, 44: 1216-1221.

NETTLETON W D, BUSHUE L, DOOLITTLE J A, *et al*. Sodium-affected soil identification in South-Central Illinois by electromagnetic induction [J]. Soil Sci Soc Am J, 1994, 58: 1190-1193.

NORMAN C, CHALLIS P, *et al*. Whole farm soil salinity surveys in the Kerang region. Institute of Sustainable Irrigated Agriculture (ISIA) [J], Tatura Report, 1995a: 162.

NORMAN C, HEATH J, *et al*. On-farm salinity monitoring and investigations [M]. Tatura, Report: Institute of Sustainable Irrigated Agriculture (ISIA), 1995b: 164.

RHOADES J D. Instrumental field methods of salinity appraisal. In: Topp G C, Reynolds W D, Green RE (eds) Advances in measurements of soil physical properties: Bringing theory into practice [M]. Madison: SSSA Special Publication 30/ASA/CSSA/SSSA,

1992：231–248.

RHOADES J D，Ingvalson R D. Determining salinity in field soils with soil resistance measurements ［J］. Soil Sci Soc Am Proc，1971，35（1）：54–60.

RHOADES J D，OSTER J D. Solute content. In：Klute A（ed）Methods of soil analysis，part 1，2nd edn ［M］. Madison，Wisconsin：Amer Society of Agronomy，1986，9：985–1006.

RHOADES J D，Van SCHILFGAARDE J. An electrical conductivity probe for determining soil salinity ［J］. Soil Sci Soc Am Proc 1976，40：647–655.

RHOADES J D，MANTEGHI N A，SHOUSE P J，*et al.* Soil electrical conductivity and soil salinity：New formulations and calibrations ［J］. Soil Sci Soc Am J，1989，53（2）：433–439.

SHAHID S A. Studies on the micromorphology of salt–affected soils of Pakistan ［D］. Bangor，UK：University College of North Wales，1988.

SHAHID S A. Effect of saline–sodic waters on the hydraulic conductivity and soil structure of the simulated experimental soil columns. In：Proceedings of the International Symposium on Environmental Assessment and Management of Irrigation and Drainage Projects for Sustained Agricultural Growth ［M］. Pakistan：Lahore，1993，2：125–138.

SHAHID S A. Developments in salinity assessment，modeling，mapping，and monitoring from regional to submicroscopic scales ［A］. In：Shahid SA，Abdelfattah MA，*et al*（eds）Developments in soil salinity assessment and reclamation – innovative thinking and use of marginal soil and water resources in irrigated agriculture ［C］. New York/London：Springer，Dordrecht/Heidelberg，2013：3–43.

SHAHID S A，JENKINS D A. Effect of successive waters of different quality on hydraulic conductivity of a soil ［J］. J Drain Reclam，1991a，3（2）：9–13.

SHAHID S A，JENKINS D A. Mechanisms of hydraulic conductivity reduction in the Khurrianwala soil series ［J］. Pak J Agric Sci，1991b，28（4）：369–373.

SHAHID S A，JENKINS D A. Development of a simulation system for quick screening of soils against salinity and sodicity ［A］. In：Feyen J，Mwendera E，Badji M （eds）Advances in planning，design and management of irrigation systems as related to sustainable land use：proceedings of an international conference ［C］. Leuven：Center for Irrigation Engineering of the Katholieke Universiteit，1992a：607–614.

SHAHID S A，JENKINS D A. Micromorphology of surface and subsurface sealing and crusting in the soils of Pakistan ［A］. In：Vlotman WF （ed） Subsurface drainage on problematic irrigated soils：sustainability and cost effectiveness ［C］. Lahore，

Pakistan: Proceedings of the 5th international drainage workshop, 1992b, 2: 177–189.

SHAHID S A, JENKINS D A. Utilization of simulation system for quick screening of soils against salinity and sodicity [A]. In: Feyen J, Mwendera E, Badji M (eds) Advances in planning design and management of irrigation systems as related to sustainable land use: proceedings of an international conference [C]. Leuven: Center for Irrigation Engineering of the Katholieke Universiteit, 1992c, 2: 615–626.

SHAHID S A, JENKINS D A. Mineralogy and micromorphology of salt crusts from the Punjab, Pakistan [A]. In: Ringrose–Voase AJ, Hymphreys GS (eds) Soil micromorphology: studies in management and genesis, developments in soil science 22, Proceedings of the IX international working meeting on soil micromorphology [C]. York Tokyo Townsville, Australia: Elsevier Amsterdam London New, 1994: 799–810.

SHAHID S A, RAHMAN K R. Soil salinity development, classification, assessment and management in irrigated agriculture [A]. In: Passarakli M (ed) Handbook of plant and crop stress [C]. Boca Raton: CRC Press/Taylor & Francis Group, 2011: 23–39.

SHAHID S A, QURESHI RH, JENKINS D. Salt–minerals in the saline–sodic soils of Pakistan. Proceedings of the Indo–Pak workshop on soil salinity and water management [J]. Islamabad, Pakistan, 1990, 1: 175–191.

SHAHID S A, JENKINS D A, HUSSAIN T. Halite morphologies and genesis in the soil environment of Pakistan. In: Proceedings of the International Symposium on Strategies for Utilizing Salt affected Lands [M]. Bangkok, Thailand, 1992: 59–73.

SHAHID S A, ABO–REZQ H, *et al.* Mapping soil salinity through a reconnaissance soil survey of Kuwait and geographic information system [M]. Kuwait, KSR: Annual Research Report, Kuwait Institute for Scientific Research 6682, 2002: 56–59.

SHAHID S A, DAKHEEL A H, MUFTI K A, *et al.* Automated in–situ salinity logging in irrigated agriculture [J]. Eur J Sci Res, 2008, 26 (2): 288–297.

SHAHID S A, ABDEFATTAH M A, OMAR S A S, *et al.* Mapping and monitoring of soil salinization – remote sensing, GIS, modeling, electromagnetic induction and conventional methods – case studies [A]. In: Ahmad M, Al–Rawahy SA (eds). Proceedings of the international conference on soil salinization and groundwater salinization in arid regions [C]. Muscat: Sultan Qaboos University, 2010: 59–97.

SHAHID S A, ABDELFATTAH M A, MAHMOUDI H. Innovations in soil chemical analyses: New *EC*s and total salts relationship for Abu Dhabi emirate soils [J]. In:

SHAHID S A, TAHA F K, ABDELFATTAH M A (eds) Developments in soil classification, land use planning and policy implications – innovative thinking of soil inventory for land use planning and Management of Land Resources [M]. Dordrecht: Springer, 2013: 799-812.

SHIROKOVA Y I, FORKUTSA I, SHARAFUTDINOVA N. Use of electrical conductivity instead of soluble salts for soil salinity monitoring in Central Asia [J]. Irrig Drain Syst, 2000: 14 (3): 199-205.

Soil Survey Division Staff. Soil survey manual. USDA-NRCS Agriculture Handbook No 18 [M]. Washington DC, USA: US Government Printing Office, 2017: 603.

SONMEZ S, BUKUKTAS D, OKTUREN F, *et al.* Assessment of different soil water ratios (1 : 1, 1 : 2.5, 1 : 5) in soil salinity studies [J]. Geoderma, 2008, 144 (1-2): 361-369.

SPIES B, WOODGATE P. Salinity mapping methods in the Australian context [M]. Canberra, Australia: Technical Report, Department of the Environment and Heritage; and Agriculture, Fisheries and Forestry, Land and Water Australia, 2005: 234.

SUKCHANI S, YAMAMOTO Y. Classification of salt-affected areas using remote sensing. Soil survey and classification division [M]. Tsukuba, Ibaraki, Japan: Department of Land Development, Ministry of Agriculture and Cooperative, Bangkok, Thailand and Japan International Research Center Agricultural Sciences, 2005: 7.

TANJI K K. Nature and extent of agricultural salinity. In: Tanji KK (ed) Agricultural salinity assessment and management, ASCE manuals and reports on engineering practice No 71 [M]. New York, USA: ASCE, 1990: 1-17.

TRIANTAFILIS J, LASLETT G M, MCBRATNEY A B. Calibrating an electromagnetic induction instrument to measure salinity in soil under irrigated cotton [J]. Soil Sci Soc Am J, 2000, 64 (3): 1009-1017.

USSL. Diagnosis and improvement of saline and alkali soils. In: USDA Handbook No 60 [M]. USA: Washington DC, 1954: 160.

VAUGHAN P J, LESCH S M, CORWIN D L, *et al.* Water content effect on soil salinity prediction. A geostatistical study using co-kriging [J]. Soil Sci Soc Am J, 1995, 59 (4): 1146-1156.

VERGOUWEN L. Scanning electron microscopy applied on saline soils from the Konya basin in Turkey and from Kenya. In: Bisdom EBA (ed) Submicroscopy of soil and weathered rocks [M]. Wageningen: Center for Agricultural Publishing and Documentation,

1981：237–248.

VINCENT B，VIDAL A，*et al.* Use of satellite remote sensing for the assessment of waterlogging or salinity as an indication of the performance of drained systems. In：Vincent B（ed）Evaluation of performance of subsurface drainage systems［M］. Cairo，ICID New Delhi，India：Proceedings of the 16th congress on irrigation and drainage，1996：203–216.

WILLIAMS B G，BAKER G C. An electromagnetic induction technique for reconnaissance survey of salinity hazards［J］. Aust J Soil Res，1982，20（2）：107–118.

WILLIAMS B G，HOEY D. The use of electromagnetic induction to detect the spatial variability of the salt and clay contents of soils［J］. Aust J Soil Res，1987，25（1）：21–27.

YADAV B R，RAO N H，PALIWAL K V，*et al.* Comparison of different methods for measuring soil salinity under field conditions［J］. Soil Sci，1979：127（26）：335–339.

ZHENG H，SCHRODER J L，PITTMAN J J，*et al.* Soil salinity using saturated paste and 1 ： 1 soil to water extracts［J］. Soil Sci Soc Am J，2005，69（4）：1146–1151.

ZULUAGA J M. Remote sensing applications in irrigation management in Mendoza，Argentina. In：Menenti M（ed）Remote sensing in evaluation and management of irrigation［M］. Mendoza：Instituto Nacional de Ciencia y Tecnic，1990：37–58.

第2章

土壤盐渍化的历史观点和世界概况

土壤盐渍化并不是近期才出现的，在数千年前就已有土壤盐渍化的记录。美索不达米亚就是一个很好的例子，这个早期繁荣的文明由于人类引起的土壤盐渍化而衰落。虽然尚缺少全球土壤盐渍化程度的最新统计数据，科学家们仍根据不同来源的数据进行了报告。有报告称，10% 可耕地受到盐渍化的影响；10 亿 hm^2 土地被盐质土和 / 或钠质土所覆盖；25%~30% 灌溉土地盐渍化，基本不具有商业生产价值。1988 年联合国粮农组织宣称全球有 9.32 亿 hm^2 盐渍化土地，在近 15 亿 hm^2 旱地农业中，有 3 200 万 hm^2 旱地存在盐渍化问题。目前，关于全球盐渍化土壤范围最新估计尚不明确，许多国家和地区已经评估了土壤盐渍化状况，如科威特、阿联酋和澳大利亚等。根据 2013 年全球土壤盐渍化引起的土地退化成本为每公顷 441 美元，则目前全球每年土壤盐渍化造成的经济损失约为 270 亿美元。

1　引言

土壤盐渍化是一个重大的全球性问题，会对农业和持续性产生不利影响。受自然或人类活动影响，土壤盐渍化可能发生于各种气候条件下。一般盐渍土会出现在干旱和半干旱地区，因为该地区的降水量不足以满足作物对水的需求，并难以将盐分从植物根区淋洗出。人类和土壤盐渍化之间的“纠葛”已有数千年，据历史记载，许多文明消亡于盐渍化程度的恶化，其中最著名的例子是美索不达米

亚文明。土壤盐渍化通过降低土壤质量来破坏资源基础，可能是自然原因或土壤不合理利用和管理而造成的，从而破坏土壤自动调节能力的完整性。

由于土壤的水盐运动，土壤盐渍化已遍及全球100多个国家，没有哪个大陆完全不存在盐渍化土地（图2-1）。预计在未来的气候变化情景下，由于海平面上升及对沿海地区的影响，温度上升导致蒸发量增加，土壤盐渍化程度将会进一步加剧。土壤盐渍化会影响生态系统，使其不再能充分发挥"环境服务"的潜力。人们认识到，目前尚缺少关于全球土壤盐渍化程度的最新数据，但根据20世纪70~80年代收集的数据，新增盐渍化地区面积很可能超过通过改良恢复的地区面积，可以假定盐渍化范围已经扩大。盐渍化引起的土地退化已经在很多国家和地区发生，包括中亚咸海盆地（阿姆河和锡尔河流域）、印度恒河流域、印度洋－地中海流域、巴基斯坦印度河流域、中国黄河流域、叙利亚和伊拉克幼发拉底河流域、澳大利亚墨累－达令河流域，以及美国圣华金河谷（Qadir *et al.*，2014）。

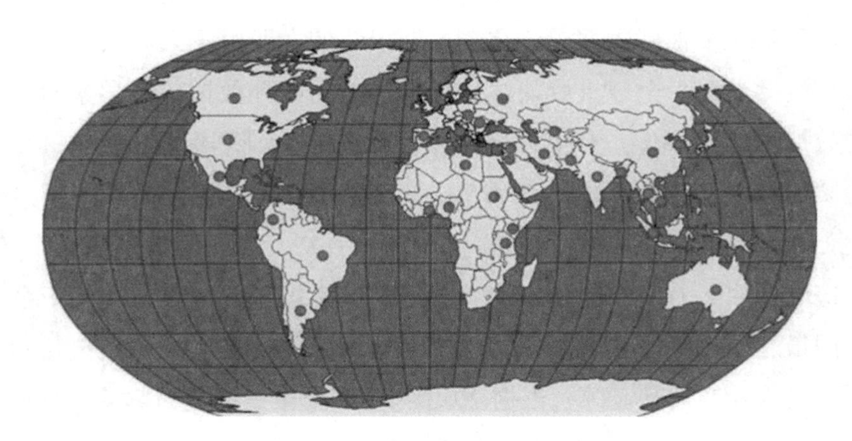

图2-1　盐渍化问题代表性国家

（https://www.researchgate.net/publication/262495450）

2　土壤盐渍化——历史和当代视角

数千年以来，人类与土壤盐渍化一直共存。有证据充分表明，早期繁荣的美索不达米亚文明后期由于人类活动引起的土壤盐渍化而衰落。Jacobson和Adams（1958）在《古代美索不达米亚农业中的盐和泥沙》中重点介绍了美索不达米亚（伊拉克）的土壤盐渍化历史，共发生了3次重大土壤盐渍化事件，最早且最严重的一次是在公元前2400年~公元前1700年，影响了伊拉克南部。公元前1200年~公元前900年，伊拉克中部发生了一次较温和的土壤盐渍化事件。有考古证据表明，巴格达以东的Nahrwan地区在公元1200年后出现盐渍化。洪水、过度灌溉、渗漏、淤塞和地下水位上升，被认为是土壤盐渍化加剧的主要原因（Gelburd，1985）。

在公元前3500年的伊拉克南部，小麦和大麦是同等重要的栽培作物，尽管100年后小麦的产量下降到初期的1/6。到公元前2100年小麦的产量几乎变得微不足道，下降到初期产量的2%。到公元前1700年小麦被完全淘汰。据历史记录表明，在转向种植大麦的同时，土壤肥力明显严重下降，大麦产量逐渐下降，这在很大程度上可归因于土壤盐渍化（Jacobson and Adams，1958）。因此，在历经近5 000年成功的灌溉农业之后，苏美尔文明（美索不达米亚文明的一部分）衰败了。巴基斯坦和印度的印度河平原，在大约2000年前的哈拉帕文明时期就开始了灌溉实践，但只在近期才遇到了严重的盐渍化问题。在秘鲁的维鲁河谷，灌溉农业始于公元前800年~公元30年（Wiley，1953），到公元800年时人口数量达到高峰。然而从公元1200年开始，人口明显下降，居民从曾经人口稠密的维鲁河谷底部搬迁到更狭窄的河谷上游。历史学家将人口迁移部分归因于土壤盐分增加和地下水位上升，以及土壤排水不足（Armillas，1961）。Tanji（1990）介绍了几个地区灌溉引起土壤盐渍化的历史背景。从类似的角度来看，Wiley（1953）在其论文中明确地指出“许多以灌溉农业为基础的社会已经衰败了”，如美索不达米亚和秘鲁的维鲁河谷。

3 全球土壤盐渍化问题概述

全球陆地面积为132亿 hm^2，只有70亿 hm^2 是可耕地，而目前可耕地中只有15亿 hm^2 为耕地（Massoud，1981）。在耕地中，约有3.4亿 hm^2（23%）盐质化土地，约有5.6万亿 hm^2（37%）为钠质化土地。据Szabolcs（1989）介绍，10%耕地受到盐渍化影响，遍及各大洲100多个国家。132亿 hm^2 土地中有10亿 hm^2 被盐质土和/或钠质土覆盖，25%~30%灌溉土地受到盐渍化影响，基本没有商业生产价值。

受土壤盐渍化影响的国家主要位于干旱和半干旱地区，这些地区一直使用低质量的地下水进行灌溉，而且降水量少也导致盐渍化土地面积的扩大。全球最大面积的盐渍化土地出现在干旱和半干旱地区（Massoud，1974；Ponnamperuma，1984），这些地区蒸发量超过降水量。土壤盐渍化导致土地迅速转化为不毛之地，对环境产生巨大的负面影响，大大改变了许多国家的自然资源分布状况。全球每年大约有 1 000 万 hm^2 的灌溉土地因为盐渍化与涝渍而被弃耕（Szabolcs，1989）。尽管在极地地区也有记录，但这些退化土地主要出现在炎热的干旱和半干旱地区（Buringh，1979）。

全球盐渍化土壤的统计数据因来源不同而存在差异，到 20 世纪 90 年代中期全球 20% 以上灌溉土地发生了盐渍化（Ghassemi *et al.*，1995）。自此后，土壤盐渍化程度可能加剧了，一些国家 50% 以上灌溉土地出现了盐渍化（Metternicht and Zinck，2003）。Kovda 和 Szabolcs （1979）报道，全球分布的盐渍化土地约为 9.54 亿 hm^2［数据汇总自 Szabolcs（1974）和 Massoud（1977）］。Abrol 等 （1988）报道，在联合国粮农组织《土壤公报》第 39 期文中，介绍了 9.322 亿 hm^2 盐渍化土壤（表 2-1）。据 2000 年联合国粮农组织的数据显示，在全球 15 亿 hm^2 的旱地农业中，有 3 200 万 hm^2 发生盐渍化（FAO，2000）。许多国家和地区评估了其土壤盐渍化程度，如科威特（Shahid *et al.*，2002）、阿联酋（EAD，2009，2012）和澳大利亚（Oldeman *et al.*，1991）。

表 2-1　　全球盐渍化土壤的地区分布　　（单位：$\times 10^6$ hm^2）

区域	盐质土	钠质土	合计	占比（%）
澳大利亚	17.6	340.0	357.6	38.4
亚洲	194.7	121.9	316.5	33.9
美国	77.6	69.3	146.9	15.8
非洲	53.5	26.9	80.4	8.60
欧洲	7.8	22.9	30.8	3.30
全球合计	351.2	581.0	932.2	100

注：引自 Abrol 等（1988），载于联合国粮农组织《土壤公报》第 39 期，欧洲数据汇总（Szabolcs，1974）和其他大陆（Massoud，1977）。

Shahid（2013）在全球土壤盐渍化问题识别和盐度状况综述中指出，在美国西南部和墨西哥，大约有2亿 hm^2 盐渍化土地。在西班牙、葡萄牙、希腊和意大利，咸水严重侵入含水层的现象相当普遍；西班牙有超过20% 土地沙漠化或者严重退化，已不具备商业生产价值。

在中东地区，有2 000万 hm^2 土地受到土壤含盐量增加的影响，起因是不当的灌溉方法、高蒸发率、盐灼伤几率增长，以及地下水含盐量增加。幼发拉底河流域（叙利亚、伊拉克）灌溉土地的生产力也受到盐度严重制约。伊朗14.2% 土地面积受到盐渍化影响（Pazira，1999）。在埃及，沿尼罗河有100万 hm^2 耕地遭受盐渍化危胁。约旦河流域的盐分积累，对叙利亚和约旦农业产生了不利影响。非洲有8 000万 hm^2 盐渍化土地，其中西非的萨赫勒地区受影响最大。

在亚洲，印度有20% 耕地（主要在拉贾斯坦邦、沿海的古吉拉特邦和印度恒河平原）受到了盐质化和钠质化影响。巴基斯坦有100万 hm^2 土地受到影响，在沿海地区和印度河流域，每小时有5~10 hm^2 耕地因盐渍化/涝渍而退化。孟加拉国有300万 hm^2 耕地因含盐量过高而荒芜。泰国有358万 hm^2 土地盐渍化（300万 hm^2 为内陆盐质土，58万 hm^2 为沿海盐质土）。中国有2 600万 hm^2 耕地受到盐渍化影响（内蒙古、黄河流域和沿海地区）。澳大利亚盐渍化土壤的面积为3.57亿 hm^2。

表2-2为全球7 660万 hm^2 人为造成的盐渍化土壤程度及分布（Oldeman *et al.*，1991），表2-3为受次生盐渍化影响的灌溉地类似分布（Ghassemi *et al.*，1995）。这些土壤分布在沙漠和半沙漠地区，经常出现在肥沃的冲积平原、河谷、沿海地区和灌溉区。存在严重含盐量问题的国家，包括但不限于澳大利亚、中国、埃及、印度、伊朗、伊拉克、墨西哥、巴基斯坦、俄罗斯、叙利亚、土耳其和美国。在海湾国家（巴林、科威特、沙特阿拉伯、卡塔尔、阿曼和阿联酋），盐渍化主要出现在沿海土地（由于海水入侵），用咸水或微咸水灌溉的农场。

表 2-2　　全球人为造成的盐渍化土壤范围及分布

区域	盐渍化程度和面积（$\times 10^6$ hm^2）					占比（%）
	轻度	中度	重度	强度	总数	
非洲	4.7	7.7	2.4	—	14.8	19.3
亚洲	26.8	8.5	17.0	0.4	52.7	68.8
南美洲	1.8	0.3	—	—	2.1	2.7
北美洲和中美洲	0.3	1.5	0.5	—	2.3	3.0
欧洲	1.0	2.3	0.5	—	3.8	5.0
澳大利亚	—	0.5	—	0.4	0.9	1.2
全球合计	34.6	20.8	20.4	0.8	76.6	100

注：引自 Oldeman et al.，1991；Mashali et al.，1995。

次生盐渍化（即灌溉农业等人类活动造成的土壤盐渍化）主要发生在干旱和半干旱地区，包括埃及、伊朗、伊拉克、印度、中国、智利、阿根廷、西班牙、泰国、巴基斯坦、叙利亚、土耳其、阿尔及利亚、突尼斯、苏丹等国家。全球有 7 660 万 hm^2 耕地受到人为活动导致的盐渍化影响（Oldeman *et al.*，1991；Mashali，1995；Ghassemi *et al.*，1995）（表 2-2），3 000 万 hm^2 耕地存在非灌溉土地的次生盐渍化问题。然而，根据 Ghassemi 等（1995）的说法，全球 2.27 亿 hm^2 灌溉土地中有 20%（4 500 万 hm^2）存在盐渍化问题（表 2-3）。

表 2-3　　全球灌溉土地次生盐渍化情况　　（单位：$\times 10^6$ hm^2）

国家	种植区面积	灌溉区面积	盐渍化区面积[a]
中国	97.0	44.8	6.7（15%）
印度	169.0	42.1	7.0（17%）
俄罗斯	232.5	20.5	3.7（18%）
美国	190.0	18.1	4.2（23%）
巴基斯坦	20.8	16.1	4.2（26%）
伊朗	14.8	5.8	1.7（29%）
泰国	20.0	4.0	0.4（10%）
埃及	2.7	2.7	0.9（33%）
澳大利亚	47.1	1.8	0.2（11%）

（续表）

国家	种植区面积	灌溉区面积	盐渍化区面积[a]
阿根廷	35.8	1.7	0.6（35%）
南非	13.2	1.1	0.1（9%）
小计	842.9	158.7	29.7（19%）
世界（总计）	1 474.0	227.0	45.0（20%）

注：引自 Ghassemi et al.，1995；Mashali et al.，1995。
a. 括号值是盐渍化区面积所占灌溉区面积的百分比。

4　世界各大陆旱地的盐渍土分布

据联合国环境署报告（UNEP，1992），各大陆及地区旱地盐渍化土壤的分布情况如表 2-4 所示。盐渍化土壤分为盐质土（412.0×10^6 hm^2）和钠质土（618.1×10^6 hm^2）两大类，共计 $1\,030.1 \times 10^6$ hm^2。澳大拉西亚分布最广，为 357.6×10^6 hm^2，其次是非洲，为 209.6×10^6 hm^2。

表 2-4　各大陆及地区旱地盐渍化土壤的分布情况　（单位：$\times 10^6$ hm^2）

各大陆及地区	盐质土	钠质土	盐渍土
非洲	122.9	86.7	209.6
澳大拉西亚	17.6	340.0	357.6
中美洲	2.0	—	2.0
北美洲	6.2	9.6	15.8
北亚和中亚	91.5	120.2	211.7
南美洲	69.5	59.8	129.3
南亚	82.3	1.8	84.1
东南亚	20.0	—	20.0
总面积	412.0	618.1	1 030.1

注：引自 UNEP，1992；FAO-ITPS-GSP，2015。

5　灌溉方法和土壤盐渍化

如果对灌溉不进行合理规划和管理，就会导致土壤盐渍化加剧。Postel（1989）评估表明，全球25%灌溉土地存在盐渍化问题，但Adams和 Hughes（1990）认为，多达50%灌溉土地存在盐渍化问题。Szabolcs（1989）指出，没有一个大陆没有盐渍化土壤，至少有70个国家存在与土壤盐渍化有关的严重问题。表2-5为5个受盐渍化影响最严重国家的受损灌溉土地面积（Postel，1989）。

表2-5　　主要灌溉国家土壤盐渍化情况

国家	受损区域面积（$\times 10^6$ hm^2）	占灌溉土地的比例（%）
印度	20.0	36.0
中国	7.0	15.0
美国	5.2	27.0
巴基斯坦	3.2	20.0
俄罗斯	2.5	12.0
总面积	37.9	24.0
世界	60.2	24.0

注：引自Postel，1989。

6　盐渍化土壤的区域分布

更新盐渍化土壤区域分布评估数据，有利于更好地了解土壤盐渍化程度，以制定土壤利用和管理政策。鉴于用于粮食生产的土壤资源持续减少，土壤盐渍化的区域分布评估变得愈加重要。Mashali（1995）通过对早期文献（FAO-Unesco Soil map of the world，1974）的检索，给出了盐渍化土壤区域分布的评估值（表2-6）。盐渍化土地总面积为9.32亿hm^2，最大面积出现在澳大拉西亚（3.57亿hm^2）。

表 2-6　　盐渍化土壤的区域分布　　（单位：$\times 10^6$ hm²）

地区	盐土 - 盐质土壤面积	碱土 - 钠质土壤面积	总面积
北美洲	6	10	16
中美洲	2	—	2
南美洲	69	60	129
非洲	54	27	81
南亚和西亚	83	2	85
东南亚	20	—	20
北亚和中亚	92	120	212
澳大拉西亚	17	340	357
欧洲	9	21	30
总计	352	580	932

注：引自 Mashali，1995。

7　中东地区土壤盐渍化情况

虽然关于中东地区土壤盐渍化程度的信息非常有限，但通过遥感图像和其他方法已经获得了一些信息，被用来绘制中东地区土壤盐渍化图（Hussein，2001；Shahid *et al.*，2010）。在该图中，盐渍化土地分为轻度、中度、重度和非常严重四大类（表 2-7）。据报告，科威特估计有 20.9 万 hm² 盐渍化土地（Hamdallah，1997），占科威特土地总面积的 3%。中东地区有 11.2% 土地受到不同程度盐渍化的影响。认识到土壤盐渍化对农业和生态系统服务功能的危害，Shahid 等（1998）将土壤盐渍化视作科威特土地退化的早期预警。Shahid 等 （2002）利用 GIS 将土壤盐分绘制成不同含盐量区域（KISR，1999），如 4.1~10 dS · m^{-1}（0.685%）、10.1~25.0 dS · m^{-1}（4.37%）和 25 dS · m^{-1} 以上（7.06%），这意味着科威特有 12.1% 土地受到不同程度盐渍化的影响。在阿布扎比酋长国，35.5% 土地（203.4 万 hm²）受到土壤盐渍化的影响（EDA，2009）。在土壤盐度分布图上，高盐度土壤分布于沿海地区（King *et al.*，2013）、洪积平原和内陆盐灼伤（sabkha）地区。这些地区的地下水位接近地表，形成了大面积苦咸水（Soil survey staff，

2014；Shahid *et al.*，2014）。

表 2-7　　中东地区土壤盐渍化等级和盐渍化土地面积

程度	盐渍化土地面积（km^2）	占土地总面积的比例（%）
轻度	113 814	1.72
中度	109 148	1.65
严重	380 025	5.74
非常严重	138 204	2.09
总计	741 191	11.2

注：引自 Hussein，2001；Shahid *et al.*，2010。

通过全面检索文献发现，涉及因盐渍化引起土地退化而影响社会经济的出版物非常少。要想在全球获得此类信息，需要对该项目投入大量资金和受过培训的专业人员参与。Qadir 等（2014）的结论是，以前对因盐渍化导致的土地退化成本估计有限，近年来变化很大。尽管如此，他们还是进行了简单推断。目前全球灌溉土地面积为 3.1 亿 hm^2（FAO-AQUASTAT，2013），其中 20% 为盐渍化土地（6 200 万 hm^2），2013 年因盐渍化引起的土地退化损失（在消除通胀后）为每公顷 441 美元，全球作物产量损失高达 273 亿美元。基于这些估算，Qadir 等（2014）建议对盐渍化土地进行修复投资，将修复费用纳入国家粮食安全战略，并在国家行动计划中加以界定。

Qadir 等（2014）确定了盐渍化引起土地退化损失的国家，包括但不限于澳大利亚、印度、美国、伊拉克、巴基斯坦、哈萨克斯坦、乌兹别克斯坦和西班牙等。他们还指出，对盐渍化引起的土地退化成本评估，主要是基于对作物减产的估计，尚不清楚是否与从不受盐渍化影响土地上获得的作物产值进行了比较。

参考文献

ABROL I P，YADAV J S P. Salt-affected soils and their management ［M］. Rome，Italy：FAO Soils Bulletin 39，Food and Agriculture Organization of the United Nations，1988：131.

ADAMS W M，HUGHES F M R. Irrigation development in desert environments. In：Goudi AS Techniques for desert reclamation ［M］. New York：Wiley，1990：135-160.

ARMILLAS P. Land use in pre-Columbian America. In: Stamp LD A history of land use in arid regions [M]. Paris: UNESCO Arid Zone Research, 1961: 255-276.

BURINGH P. Introduction to the soils of tropical and subtropical regions, 3rd edn [M]. Wageningen: Center for Agricultural Publishing and Documentation, 1979: 124.

EAD. Soil survey for the emirate of Abu Dhabi. Reconnaissance soil survey report [M]. United Arab Emirates: Environment Agency Abu Dhabi, 2009.

EAD. Soil survey of northern emirates [M]. Environment Agency Abu Dhabi, 2012, 2.

FAO. Extent and causes of salt-affected soils in participating countries. Global network on integrated soil management for sustainable use of salt-affected soils [M]. 2000.

FAO-AQUASTAT. Area equipped for irrigation and percentage of cultivated land. 2013.

FAO-ITPS-GSP. Status of the world' s soil resources. FAO-ITPS-GSP Main Report [M]. Rome, Italy: Food and Agriculture Organization of the United Nations, 2015, 125-127.

FAO-UNESCO. FAO-Unesco soil map of the world. 1: 5 000 000 [CM]. UNESCO Paris, 1974, 10.

GELBURD D E. Managing salinity lessons from the past [J]. J Soil Water Conserv, 1985, 40 (4): 329-331.

GHASSEMI F, JAKEMAN A J. Salinisation of land and water resources: human causes, extent, management and case studies [M]. Wallingford: CABI Publishing, 1995: 526.

HAMDALLAH G. An overview of the salinity status of the near east region. In: Proceedings of the workshop on management of salt-affected soils in the Arab Gulf States, Abu Dhabi, United Arab Emirates, 29 October-2 November 1995 [M]. Cairo, Egypt: Food and Agriculture Organization of the United Nations, Regional Office for the Near East, 1997: 1-5.

HUSSEIN H. Development of environmental GIS database and its application to desertification study in Middle East -a remote sensing and GIS application [D]. Japan: Graduate School of Science and Technology, Chiba University, 2001: 155.

JACOBSON T, ADAMS R M. Salt and silt in ancient Mesopotamian agriculture [J]. Science (New Series), 1958: 128 (3334): 1251-1258.

KING P, GREALISH G. Land evaluation interpretations and decision support systems: soil survey of Abu Dhabi emirate. Chapter 6. In: Shahid SA, Taha FK, Abdelfattah MA (eds) Developments in soil classification, land use planning and policy implications-innovative thinking of soil inventory for land use planning and management of land resources [M]. Dordrecht: Springer, 2013: 147-164.

KISR. Soil survey for the state of Kuwait- volume IV: semi-detailed survey [M]. Adelaide: AACM International, 1999.

KOVDA V A, SZABOLCS I. Modelling of soil salinization and alkalization: supplementum [M]. Agrokemia es Talajtan (Agrochemistry and Soil Science), 1979, 28: 207.

MASHALI A M. Integrated soil management for sustainable use of salt-affected soils and network activities. In: Proceedings of the international workshop on integrated soil management for sustainable use of salt-affected soils [M]. Manila, Philippines: Bureau of Soils and Water Management, 1995: 55-75.

MASSOUD F. Salinity and alkalinity. In: a world assessment of soil degradation. An international program of soil conservation. Report of an expert consultation on soil degradation, FAO [M]. Rome, Italy: UNEP, 1974: 16-17.

MASSOUD F I. Basic principles for prognosis and monitoring of salinity and sodicity. Proceedings of the international conference on managing saline waters for irrigation [M]. Texas, USA: Texas Tech University, Lubbock, 1977: 432-454.

MASSOUD F I. Salt affected soils at a global scale for control [M]. Rome, Italy: FAO Land and Water Development Division Technical Paper, 1981: 21.

METTERNICHT G I, ZINCK J A. Remote sensing of soil salinity: potentials and constraints [J]. Remote Sens Environ, 2003, 85 (1): 1-20.

OLDEMAN L R, HAKKELING R T A, HAKKELING R T A, *et al.* World map of the status of human-induced soil degradation. An explanatory note. Second revised edition [M]. Wageningen: International Soil Reference and Information Center (ISRIC), 1991: 35.

PAZIRA E. Land reclamation research on soil physico-chemical improvement by salt leaching in southwest part of Iran [M]. Karaj: IERI, 1999.

PONNAMPERUMA F N. Role of cultivar tolerance in increasing rice production on saline-lands. In: Staple RC, Toenniessen GH Salinity tolerance in plants: strategies for crop improve-ment [M]. New York: Wiley, 1984: 255-271.

POSTEL S. Water for agriculture: facing the limits. Worldwatch paper 93 [M]. Washington DC, USA: Worldwatch Institute, 1989: 54.

QADIR M, QUILLEROU E, NANGIA V, *et al.* Economics of salt-induced land degradation and restoration [J]. Nat Res Forum, 2014, 38 (4): 282-295.

SHAHID S A. Developments in salinity assessment, modeling, mapping, and monitoring from regional to submicroscopic scales. In: Shahid SA, Abdelfattah MA, Taha FK Developments in soil salinity assessment and reclamation – innovative thinking and use of marginal soil and water resources in irrigated agriculture [M]. New York\London: Springer, Dordrecht\Heidelberg, 13: 3–43.

SHAHID S A, OMAR S A S, GREALISH G, *et al.* Salinization as an early warning of land degradation in Kuwait [J]. Probl Desert Dev, 1998, 5: 8–12.

SHAHID S A, ABO–REZQ H, *et al.* Mapping soil salinity through a reconnaissance soil survey of Kuwait and geographic information system [M]. Kuwait Institute for Scientific Research: Annual research report, 2002: 56–59.

SHAHID S A, ABDELFATTAH M A, OMAR S A S, *et al.* Mapping and monitoring of soil salinization – remote sensing, GIS, modeling, electromagnetic induction and conventional methods – case studies. In: Ahmad M, Al–Rawahy SA Proceedings of the international conference on soil salinization and groundwater salinization in arid regions, vol 1 [M]. Muscat: Sultan Qaboos University, 2010: 59–97.

SHAHID S A, ABDELFATTAH M A, WILSON M, *et al.* United Arab Emirates keys to soil taxonomy [M]. Dordrecht/Heidelberg/New York/London: Springer, 2014: 108.

Soil Survey Staff. Keys to soil taxonomy 12th [M]. Washington DC: US Department of Agriculture, Natural Resources Conservation Service, US Government Printing Office, 2014: 360.

SZABOLCS I. Salt–affected soil in Europe [M]. The Hague: Martinus Nijhoff, 1974: 63.

SZABOLCS I. Salt–affected soils [M]. Boca Raton: CRC Press, 1989: 274.

TANJI K K. Nature and extent of agricultural salinity. In: Tanji KK (ed) Agricultural salinity assessment and management. ASCE manuals and reports on engineering practice no 71 [M]. New York, USA: ASCE 1990: 1–17.

UNEP. Proceedings of the Ad–hoc expert group meeting to discuss global soil database and appraisals of GLASOD/SOTER [M]. Kenya: Nairobi, 1992: 39.

WILEY G R. Prehistoric settlement patterns in the Viru Valley, Peru [M]. Bulletin 155 Washington DC, USA: Smithsonian Institute, Bureau of American Ethnology, 1953.

第3章

盐质土和钠质土适应和减缓技术

土壤盐质化和钠质化是许多国家农业生产的双重制约因素，造成作物生产的重大损失和土地退化。一旦对土壤盐度和钠化度作出正确诊断，就可以制定包括物理、化学、水文和生物等方法的综合土壤改良计划，来纠正这两个问题。适应是指继续使用盐渍化土壤，根据土壤的盐度和钠化度调整改良措施。减缓是指防止土壤盐渍化而采用的技术，但没有一种适用于所有土壤的通用消减技术，基于诊断的消减方案能在特定地点取得令人满意的效果。综合土壤改良规划应基于可用资源（农民预算、水资源的可用性与水质）、改良目标，以及农民具体需求。本章介绍了当前的4种主要盐碱地改良方法，即物理法、化学法、水利法和生物法。物理法为平整、深松、掺沙、苗床准备和盐刮除；化学法为施用石膏、硫黄、酸等化学改良剂；水利法为选择滴灌、喷灌、涌流灌溉、沟灌等，利用淋洗需水量或淋洗分数，管理根区盐度（冲洗、排水、混合水等）；生物法包括改良生物措施（施用有机改良剂、绿肥、农家肥和选育耐盐作物），各种作物抗盐筛选方法（包括水培、田间筛选和系列盐浓度梯度等），气候智能型农业实践，利用4R养分管理综合土壤肥力，从盐碱地和深层沉积物中采盐的技术及其商业化开发等。

1 引言

受盐度和钠化度影响的土壤主要位于干旱和半干旱地区，降水量不足难以将盐分淋洗出根区。在其他不同的水文和地理条件下，也发现了盐质土和钠质土的广泛存在。盐渍土在全球的广泛分布表明，没有单一的适应或减缓方案能适用于所有区域。然而，基于现场诊断的建议可能是可行的。最重要的是，基于主要制约因素（可用资源和可变环境条件），制定一个综合改良和管理规划。

首先，需要制定一个综合土壤改良和管理技术系统，通常可分为4种适应或减缓方法，如水利法、物理法、化学法和生物法。尽管在独特的环境条件下，盐渍化土壤可以用于其他目的。

2 减缓和适应的概念

减缓和适应是气候变化背景下常用的术语，许多科学家认为，减缓主要针对于温室气体排放，而适应主要针对于水和农业。减缓和适应也适用于人类如何处理盐渍化土壤。在本章中，我们在盐渍化土壤及其改良和管理的背景下定义了这两个术语。适应是根据盐度和钠化度发展而采取的调控措施，使盐渍化土壤得以继续利用。减缓是指为防止土壤盐渍化而采用的技术。

3 土壤盐度问题诊断

全世界农田的土壤盐度正在增加，这主要是由于农场经营不善，为了增加粮食生产的短期效益而日益强化农业生产，但从长远来看，这种强化忽视了土壤超负荷而产生的长期后果。因此，在地区和国家层面上理解盐分危害是非常重要的。

对于农田，有效的盐度测量可以确定根区盐度的范围，并确保根区盐度保持在每种作物的阈值以下。土壤盐度是动态的，在垂直、水平和时间尺度上都有很大变化。许多人认为土壤盐分在剖面内是均一的。然而 Shahid 等（2009）指出，对于巴基斯坦的盐化－钠质土而言，盐度是一个分层特征，因为盐分沿剖面向下移动。

在区域（中东地区）和国家（科威特、阿联酋）层面，盐度测绘项目（Shahid *et al.*, 2010）可以作为决策者采取必要和适时措施的依据，解决土壤盐度增加问题。

盐度测绘项目将有助于避免土壤盐分进一步扩散到新地区，如果被证明是切实可行的，通过改良盐渍化土壤可降低对国家经济的负面影响。

4　综合土壤改良计划（ISRP）

在不同的水文、自然地理、土壤类型、降雨模式和灌溉制度条件下，以及不同的社会经济环境中均可形成盐渍化土壤。这种盐渍化土壤的多样性使人们认识到，没有一种单一的土壤改良技术能适用于所有地区。将这类土壤用于农业开发，需要一个基于对土壤性状全面调查的综合改良和管理计划，土壤性状调查与研究，还应包括水监测（降雨量、灌溉和土壤地下水位）和对作物和当地条件（气候、经济、社会、政治、文化环境）与现有种植制度的调查等。

4.1　盐渍土改良计划的目标

· 改善土壤健康，提高作物产量。

· 恢复耕种废弃农场。

· 提高单位面积土地的作物产量。

· 提升国家的粮食安全保障能力。

· 提高水肥利用率。

· 优化单位面积作物生产成本。

· 提高农民生活水平。

4.2　土壤改良的前提条件

只有满足某些先决条件，才能实施土壤改良计划，其中一些条件是高效、有效和长期改良盐渍化土壤所必需的。

· 农民被说服并准备在农场开始土壤改良。

· 农民有足够的资金来实施计划。

· 在开始土壤改良计划之前，必须利用激光技术进行土地平整，这将有助于水分的均匀分布和盐分的有效淋洗。

· 确保能提供足够优质水。

· 确保地下排水良好。

· 必须制定计划，在不损害环境的情况下安全处理排水。

通过综合土壤改良计划（Integrated Systems Research Program，ISRP）和自然资源管理（Natural Resource Management，NRM），最有可能实现盐渍化土地的可持续农业开发等。这些方法将资源的可持续利用作为核心考虑因素。因此，只有综合处理土壤，包括土壤、水、植物和气候等方面，才能在盐渍化土地上成功种植作物。可惜的是，人们对盐碱农业有一种误解，认为它是利用盐渍化土地和咸水、盐化-钠质水的完整解决方案。盐碱农业只是ISRP的组成部分之一，ISRP还包括物理、化学、水文和生物方法（专栏3-1）。

培育耐盐作物和利用咸水，即“盐碱农业”，而不采用综合土壤改良的其他措施，最终会导致土壤退化。这些退化土壤可能无法提供基本的服务，且不限于农业生产。

如上所述，最近制定的全球土壤改良战略可分为以下几类，几乎涵盖了土壤改良和管理的所有方面。

· 物理。

专栏3-1

综合土壤改良计划（ISRP）

应注意的是，没有一种单一方法能够提供修复/恢复土壤盐渍化问题的完整解决方案。这意味着我们需要针对具体地点采用多种减缓方法的组合，并且只能在存在类似土壤条件和环境的其他地区使用。阿联酋迪拜国际盐碱农业中心（ICBA）在诊断问题、制定和实施综合改良策略方面表现出专业性。例如，利用物理方法（平整、刮盐、耕作、深松和掺沙）将边际土壤转化为优质作物生产土壤；利用化学方法（根据土壤条件使用土壤改良剂），以纠正土壤钠质化问题并改善土壤健康；利用水利方法（灌溉系统：地面灌溉、淹灌、畦灌、滴灌、喷灌、地下灌溉等，以及淋洗和排水）和生物方法（盐碱农业：采用耐盐作物和一系列生物浓度梯度方法）［引自Shahid and Rahman（2011）和Shahid *et al.*（2011）］。

- 化学。
- 水利。
- 生物。
- 替代土地用途。

4.3 土壤改良的物理方法

土壤改良的物理方法，并非都适用于特定情况，通过现场特定诊断可以让用户选择最合适的方法。

- 平整。
- 深翻：深犁和深松土。
- 掺沙：将沙与质地较重的土壤混合。
- 刮盐：物理去除表面盐结皮。
- 耕作方法：苗床整形，以减少盐分影响。

4.3.1 平整

在实施土壤改良计划之前，必须平整盐渍化土地，使水分均匀分布，从而有效地淋洗盐分。农民通常通过犁地来平整土地，再使用传统的平地刮板工具。这种做法通常会使土地不平坦，这意味着当用水灌溉农田以淋洗盐分时，就会在洼地形成水坑。为高效平整土地，建议每个农民都应联系推广服务部门，以便使用激光整地机这一现代工具，这将有助于有效启动土壤改良计划。然而，由于使用重型机械可能会压实土壤，如果出现这种情况，应在土地平整后再深翻。

4.3.2 深翻

钠质土下面一般是致密的黏土钠化层，这些致密层是黏土颗粒在高钠水中分散形成的。分散的黏土颗粒移动到心土，停留在导水土壤孔隙表面，从而堵塞孔隙并阻止进一步的水分运动。因此，破坏土壤深层的致密层，特别对于添加石膏等改良剂后并随后浇灌的钠质土农田，提高渗透性尤为重要。添加的石膏在最终进入主排水系统之前，将去除土壤下层的交换性钠（被 Ca^{2+} 置换）。钠质土除了有致密的钠质层外，还有犁底层或其他硬磐层，为了提高排水能力并促进土壤改良过程，必须破碎这些硬磐层。

4.3.3 掺沙

改良质地较重的土壤（即黏土），掺沙是有效措施。土壤掺沙会变得具有渗透性，更容易改良。与原始土壤相比，掺沙可促进植物生长。改变土壤质地是一项困难且成本高昂的工作，但在砂土容易获得的地方，如在沙漠中，这种工作可以更容易完成。

当一个地区主要土壤颗粒构成为10%砂粒、20%粉粒和70%黏粒时，则认为该地区主要土壤类型为黏土。黏土与已知数量的砂土混合，形成60%砂粒、15%粉粒和25%黏粒的砂质黏壤土。这样，原始土壤质地（黏土）可改变为另一种土壤质地（砂质黏壤土）。这两种土壤质地类别都可以在美国农业部土壤质地分类中找到（图3–1）。

新形成的砂质黏壤土，改善了土壤物理性质，如增加了排水能力和渗透率，可以促进土壤改良过程，更好地淋洗盐分。

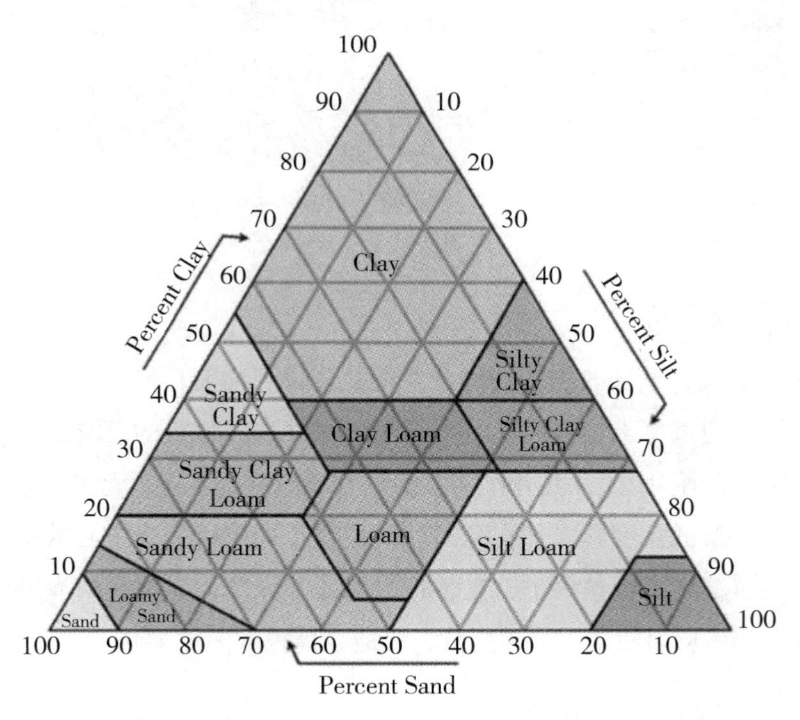

Clay：黏土；Percent Clay：黏粒百分比；Percent Silt：粉粒百分比；Sandy Clay：砂黏土；Clay Loam：黏壤土；Silty Clay：粉黏土；Silty Clay Loam：粉质黏壤土；Sandy Clay Loam：砂质黏壤土；Loam：壤土；Silt Loam：粉壤土；Sandy Loam：砂壤土；Sand：砂土；Loamy Sand：壤砂土；Silt：粉土；Percent Sand：砂粒百分比

图3–1 美国农业部土壤质地分类

4.3.4 刮盐

灌溉农田中的盐分积累很常见。根据使用的灌溉系统和土壤床形状，盐分在某些区域积聚（参见第 4 章）。例如，沟灌系统的盐分积聚刮除，两条沟渠都进行了灌溉，盐分积聚区出现在田埂中心（图 3–2）。通过毛管上升和蒸发，积聚在表面的盐结皮可以手工或机械清除。如果盐结皮面积较小，机械清除最简单、最经济，但只是暂时减少盐分。如果持续灌溉咸水，盐结皮将再次累积，因此，刮盐被视为一种临时解决方法。

图 3–2　沟灌系统的盐分积聚

4.3.5 耕作方法

耕作可以改善土壤的物理条件，并将盐分带到地表，但也会因持续使用犁而形成犁底层。通过将土壤表面整成不同的形状并选择特定的灌溉系统，可以获得低盐度区域。众所周知，采用沟灌时盐分往往积聚在远离湿润区的田埂上，因此，可选择在具有最低盐度和最佳水分条件的位置，即单行偏离中心的斜坡（路肩）上播种。在土壤高盐度条件下，交替行应保持不灌溉，确保在未灌溉区域最大限度地积累盐分，从而使灌水沟无盐分，更适合播种（参见第 4 章）。

4.4 土壤改良的化学方法

化学改良方法通常用于钠质土或盐化 – 钠质土，盐质土无法用化学方法改良。化学改良方法包括使用石膏、硫黄和酸（盐酸和硫酸），具体使用何种改良剂和用量，应基于对问题土壤的诊断。通过现场目视评估或通过实验室分析土壤中的 *ESP*，来识别钠质土。*ESP*>15 的土壤为钠质土（USSL，1954）。在该 *ESP* 阈值下，钠质化将对土壤物理性质（结构损坏）和植物生长产生影响。针对此类土壤，可以通过添加适当的改良剂来提高土壤中钙离子（Ca^{2+}）浓度，使得土壤 *ESP* 低于阈值。

4.4.1 使用石膏改良钠质土

改良钠质土最合适的方法是用钙（Ca^{2+}）置换交换性钠（Na^+），然后使用有机质来胶结土壤并改善其结构。石膏（$CaSO_4 \cdot 2H_2O$）和石灰（CaO）都可以添加 Ca^{2+}，与颗粒间的强作用力更容易将颗粒固定在一起，形成簇状物（絮凝物），使水坑变清澈。尽管石膏比石灰析出率快，但石膏在水中溶解会立即产生反应（尽管它的溶解度很低）。改良剂是指通过溶解方解石（$CaCO_3$），以 Ca^{2+} 置换 Na^+，而方解石天然存在于许多干旱区土壤中。据报道，石膏可以降低土壤中交换性钠含量，还可改善土壤耕性和排水条件，进行更好的作物生产。

向土壤中添加石膏，有两种土壤化学反应。增加溶液中的盐分，避免黏土成分的膨胀和分散，这是石膏溶解时产生的短期效应；石膏中的 Ca^{2+} 置换了交换性钠，将钠质黏土变成钙质黏土。随后，交换性钠被淋洗到植物根区下方。用于改良钠质土的通常为商业级石膏（纯度 70%，粒径小于 2 mm）。

4.4.1.1 石膏需求量

石膏需求量（Gupsum requirement，*GR*）是改良每公顷土壤所需的石膏量，用于将土壤的 *ESP* 降低至所需水平。

确定将石膏添加到钠质黏土中时，会发生以下反应。

$2Na^+$– 黏土（钠质土）+$CaSO_4 \cdot 2H_2O$（石膏）→ Ca^{2+}– 黏土（普通土）+ Na_2SO_4+$2H_2O$（盐分淋出）

4.4.1.2 确定每公顷土壤的质量

测定土壤 *GR* 的实验室方法，基于干土单位是 $mEq \cdot 100\ g^{-1}$。因此，需要 $mEq \cdot 100\ g^{-1}$ 的 *GR* 转换为 15 cm 或 30 cm 深每公顷土壤的质量（t）。每公顷土地面积为 10 000 m^2（100 m × 100 m）。1 hm^2 不同深度（15 cm 或 30 cm）土壤的质量可通过以下步骤计算。

· 首先，利用已知体积（直径 8 cm，高度 5 cm）的圆柱形土芯（图 3–3）来确定土壤的容重。

图 3-3 采集用于测定土壤容重的土芯，并用小刀清理

· 清除土芯中的土壤，并在 105℃下烘干。

· 称量烘干土壤（g）。

· 利用下式来确定土壤的容重：

$$容重 = 土壤质量（g）÷ 总体积（cm^3）$$

总体积，为自然状态下土粒及粒间孔隙所占的体积。

示例

· 标准土芯尺寸（直径 8 cm，高度 5 cm）。

· 土芯体积（$\pi r^2 h$）。

式中，π=3.143，r= 圆柱土芯的半径（cm），h= 土芯高度（cm）。

土芯的体积为 =3.143 × 4 × 4 × 5=251.44 cm^3。

· 土芯的烘干砂土质量 =402.4 g。

· 砂土的容重 = 单位体积质量 =402.40 ÷ 251.44=1.60 g/cm^3。

· 1 hm^2 土地 0~30 cm 深土壤的体积（长 × 宽 × 深）。

$$10\,000\ cm \times 10\,000\ cm \times 30\ cm=30 亿\ cm^3$$

· 1 cm^3 土壤质量为 1.60 g。

· 30 亿 cm^3 土壤质量 =4 800 t。

因此，1 hm^2 土地 0~30 cm 深土壤质量为 4 800 t，0~15 cm 深土壤质量为 2 400 t。为了解土壤是否需要施用石膏进行改良，首先要通过实地调查来诊断（图 3-4）。一旦诊断出土壤钠质化，必须在不同土壤深度采集土壤样本，以评估钠化度的平

图 3-4 对巴基斯坦盐化 - 钠质土的现场诊断，并与农民分享改良盐土经验

均水平。随后，可以计算改良钠质土所需的石膏量。

4.4.1.3 *GR*——实验室结果到田间应用的转换

通常通过实验室步骤确定的 *GR* 为每 100 g 土壤的毫当量（$mEq \cdot 100\ g^{-1}$），基于田间施用考量，需要按每公顷土地 0~15 cm 或 0~30 cm 深土壤所需的石膏量来计算。此处解释了将石膏需求值从 $mEq \cdot 100\ g^{-1}$ 换算为 $t \cdot hm^{-2}$ 的系数。根据上述示例中土壤的容重（$1.60\ g \cdot cm^{-3}$）（阿联酋砂土平均容重），确定每公顷土地 0~30 cm 深土壤质量为 4 800 t。将 1 $mEq \cdot 100\ g^{-1}$ 土壤的 *GR* 换算为每公顷土地 0~15 cm 深土壤的质量，转换系数为 2.066，则 0~30 cm 深土壤质量的转换系数为 4.132。

美国农业部盐土实验室（1954）报告称，将 *GR* 从 1 $mEq \cdot 100\ g^{-1}$ 土壤换算为 0~15 cm 深每英亩土壤质量的系数为 0.86。由于 1 hm^2=2.471 英亩，因此，在《美国农业手册第 60 卷》中，将 1 $mEq \cdot 100\ g^{-1}$ *GR* 转换为每公顷土地 0~15 cm 深土壤质量的系数为 2.125，0~30 cm 深土壤质量的系数为 4.250。

4.4.1.4 美国农业部盐土实验室（USSL，1954）与阿联酋石膏需求量的比较

假设我们已经分析了 5 种土壤（A、B、C、D 和 E）的 *GR*，分别为 1 $mEq \cdot 100\ g^{-1}$、2 $mEq \cdot 100\ g^{-1}$、3 $mEq \cdot 100\ g^{-1}$、4 $mEq \cdot 100\ g^{-1}$ 和 5 $mEq \cdot 100\ g^{-1}$。使用上述换算系数，计算这 5 种土壤在 0~15 cm 和 0~ 30 cm 深 *GR*，单位为 $t \cdot hm^{-2}$（表 3-1）。

表 3-1　　5 种土壤的 *GR* 与田间使用换算系数　　（单位：t·hm^{-2}）

土壤种类	*GR*				
	实验室结果（mEq·100 g^{-1}）	USSL（t·hm^{-2}）		阿联酋土壤（t·hm^{-2}）	
		0~15 cm 深	0~30 cm 深	0~15 cm 深	0~30 cm 深
A	1	2.125	4.250	2.066	4.132
B	2	4.250	8.500	4.132	8.264
C	3	6.375	12.750	6.198	12.396
D	4	8.500	17.000	8.264	16.528
E	5	10.625	21.250	10.330	20.660

值得注意的是，使用 USSL（1954）出版物中的 *GR* 换算系数，会略微高估阿联酋土壤中确定的 *GR*（前者为 4.250 t，后者则需 4.132 t）。因此，建议在大多数土壤容重与美国土壤差异很大的国家，应为每种当地土壤确定一个新系数。

4.4.1.5　石膏需求量计算实例

方法一（Schoonover，1952）

以阿联酋土壤为例，*GR* 计算过程如下。

·5 g 土壤 +100 mL 石膏饱和溶液（GSS）→在机械振动器中振摇 5 min →过滤后滴定 Ca^{2+}+Mg^{2+}（单位：mEq·L^{-1}）。

·［GSS 中的 Ca^{2+}+Mg^{2+}（mEq·L^{-1}）］–［滤液中的 Ca^{2+}+Mg^{2+}（mEq·L^{-1}］×2=*GR*（mEq·100 g^{-1}）。

·注意，将土壤的 *GR* 从 mEq·L^{-1} 转换为 mEq·100 g^{-1} 系数为 2，下面解释系数 2 的推导。

·假设 *GR* 被确定为 *x* mEq·L^{-1}，那么

1 000 mL 土壤溶液需要 *GR*=*x* mEq。

100 mL 土壤溶液需要 *GR*=（*x*/1 000）×100=*x*/10 mEq。

或者，5 g 土壤需要 *GR*=*x*/10 mEq。

100 g 土壤 *GR*=*x*/10×1/5×100=2*x*（注：系数 2 仅在 100 mL GSS 中使用 5 g 土壤时有效，不同土壤质量的转换系数不同）。

· 假设钠质土的 GR 为 1 mEq · 100 g^{-1}，需要确定每公顷土地 15 cm 和 30 cm 深土壤的 GR。

· 石膏当量（$CaSO_4 \cdot 2H_2O$）=86.09 g。

1 当量的 Na^+ 需要 86.09 g 石膏。

1 mEq Na^+ 需要 0.086 09 g 石膏。

当土壤容重为 1.60 g · cm^{-3} 时，每公顷土地 0~30 cm 深土壤质量为 4 800 t。

因此，0~30 cm 深土壤的 GR 为每公顷 4.132 t，0~15 cm 深土壤的 GR 为 2.066 t。

在上述过程中，还沉淀了等量的可溶性 CO_3^{2-} 和 HCO_3^-，因此，该方法包含了土壤中的交换性钠、可溶性 CO_3^{2-} 和 HCO_3^-。

然而，该计算基于使用 100% 纯石膏，而商用级石膏纯度约为 70%。因此，必须基于纯度系数计算，以校正商用级石膏的需求量。

方法二（改编自 USSL，1954；Shahid 和 Muhammed，1980）

在该方法中，GR 是根据实验室分析得出的交换性钠和阳离子交换量计算的。

示例 3.1 在经认证的实验室对土壤进行分析，得到以下结果。

· 交换性钠含量（ES）=4 mEq · 100 g^{-1}。

CEC=10 mEq · 100 g^{-1}。

· ESP=（ES/CEC）× 100。

· 因此，ESP 为 40。

将 ESP 由 40 降至 15（阈值），需要添加相当于 2.5 mEq · 100 g^{-1} 交换性钠的石膏。

· 1 当量的交换性钠需要 86.09 g 石膏。

· 1 mEq 交换性钠需要 0.086 09 g 石膏。

已知每公顷干土质量为 4 800 t，计算 GR（0~30 cm 深土壤）？

根据示例 3.1，确定了土壤容重为 1.60 g · cm^{-3}，转换系数为 4.132，将 GR 从 mEq · 100 g^{-1} 转换为每公顷土地 0~30 cm 深土壤的质量。因此，基于每 100 g 钠质土需添加 2.5 mEq 石膏，则每公顷土地 0~30 cm 深土壤所需要的石膏量为 10.33 t，且适用于商用级石膏。

示例 3.2 在经认证的实验室对土壤进行分析，结果如下：

· ES=2 mEq · 100 g^{-1}。

· *CEC*=5 mEq · 100 g^{-1}。

· *ESP*=（*ES*/*CEC*）×100。

· 因此，*ESP* 为 40。

为了将 *ESP* 由 40 降至 15（阈值），需要添加相当于 1.25 mEq · 100 g^{-1} 交换性钠的石膏量。

· 土壤中 1 当量的交换性钠需要 86.09 g 石膏。

· 1 mEq 交换性钠需要 0.086 09 g 石膏。

计算石膏需求量（0~30 cm 深土壤），已知每公顷干土质量为 4 800 t。

对于容重为 1.60 g · cm^{-3} 的土壤，转换系数 4.132，将 *GR* 从 mEq · 100 g^{-1} 转换为每公顷土地 0~30 cm 深土壤的质量。因此，基于每 100 g 钠质土需添加 2.5 mEq 石膏，则每公顷土地 0~30 cm 深土壤所需的石膏量为 10.33 t。

综上可知，即使两种土壤具有相同的交换性钠百分率（*ESP*），石膏需求量也可能会显著不同。

应注意，在测定 *GR* 过程中，必须考虑可溶性 CO_3^{2-} 和 HCO_3^-（mEq · 100 g^{-1}）会形成 Ca^{2+} 沉淀，以正确计算石膏总需求量。Shahid 和 Muhammed（1980）对 USSL（1954）的计算方法进行了修改。

4.4.2 用酸改良石灰性钠质土

对石灰性钠质土壤使用酸，酸与土壤中的碳酸钙发生反应，以调动钙，最终置换土壤中的交换性钠，从而降低 *ESP*。酸的应用目标是：

· 从碳酸钙中调动钙。

· 用钙置换交换性钠。

· 降低土壤 pH，从而提高养分吸收。

· 改善土壤健康，以获得更高的作物产量。

硫酸和盐酸都能不经过氧化过程，就与土壤中的石灰发生快速反应。然而它们具有很强的腐蚀性，操作过程很危险。最近已有了专用设备，可以安全地将酸施加到农田，通常是用灌溉水。酸与天然土壤中 $CaCO_3$、交换性 Na^+ 的反应如下：

$$CaCO_3+H_2SO_4 \rightarrow CaSO_4+CO_2+H_2O$$

$2Na^+$ 黏土（钠质土）$+CaSO_4 \rightarrow Ca^{2+}-$ 黏土（普通土）$+Na_2SO_4\downarrow$（盐淋出）

$$CaCO_3+2HCl \rightarrow CaCl_2+CO_2+H_2O$$

$2Na^+$ 黏土（钠质土）+$CaCl_2$ → Ca^{2+} 黏土（普通土）+2NaCl（盐淋出）

4.4.3 利用硫粉改良石灰性钠质土

硫粉可用于改良石灰性钠质土，但前提是硫须完全氧化。在酸性土壤中，硫氧化是一个非常缓慢的过程，可通过添加氧化硫硫杆菌（*Thiobacillus thiooxidans*）加快氧化。硫完全氧化形成硫酸，改良钠质土。

$$2S+3O_2+2H_2O \rightarrow 2H_2SO_4$$

农民需要投入大量资金，购买化学改良剂。建议首先在田间试验中测试改良剂，包括使用成本和安全性，以及改善（减少）土壤钠化度和提高作物产量的有效性。表 3–2 为提供相当于 1 t 纯石膏钙的各种改良剂理论量。

表 3–2 按纯石膏供应钙的各种改良剂理论量

改良剂	相当于 1 t 纯石膏的换算量[a]
石膏（$CaSO_4 \cdot 2H_2O$）	1.00
氯化钙（$CaCl_2 \cdot 2H_2O$）	0.86
硝酸钙［$Ca(NO_3)_2 \cdot 2H_2O$］	1.06
压榨污泥（石硫合剂，9%Ca+24%S）	0.78
硫酸（H_2SO_4）	0.61
硫酸铁（亚铁）（$FeSO_4 \cdot 7H_2O$）	1.62
硫酸铁［$Fe_2(SO_4)_3 \cdot 9H_2O$］	1.09
硫酸铝［$Al_2(SO_4)_3 \cdot 18H_2O$］	1.29
硫（S）[b]	0.19
硫化铁矿（FeS_2，30% S）[b]	0.63
石灰石（$CaCO_3$）	0.58

注：引自 USSL，1954；Ayers and Westcot，1985。

a. 与纯石膏的换算量。如果石膏不纯，则必须进行必要的修正。例如，如果是 70% 农用级石膏，则必须使用 1.43 t。

b. 假设硫 100% 被氧化，但在实际中不会发生。

典型案例来自于印度的一个膨转土试验；Sharma 和 Gupta（1986）观察到，由于施用石膏或硫酸，*ESP* 也发生了类似变化（表 3–3）。但是，他们发现，在施用硫酸时渗透系数较低，水分散性黏土的含量较高。这是由于石膏（Ca^{2+}）是一种比硫酸（H^+）更强的絮凝剂。

表 3–3　不同改良剂（按 100% 石膏当量使用）对钠化变性土物理和化学性质的影响

改良剂	土壤特性				
	$pH_{(1:2)}$	EC（$dS \cdot m^{-1}$）	*ESP*	HC_{sat}[a]（$mm \cdot hr^{-1}$）	水分散性黏土（%）
对照	8.8	9.80	65	0.06	37.2
石膏	7.9	0.72	14	4.77	8.0
硫化铁矿	8.0	0.31	20	1.64	32.4
H_2SO_4	7.5	0.18	14	2.98	30.4
$Al_2(SO_4)_3$	7.6	0.27	8	4.49	8.6
$FeSO_4$	7.9	0.85	21	1.59	33.7

注：引自 Sharma and Gupta，1986。
a. 饱和导水率。

4.5　土壤改良的水文方法

通常水文方法包括灌溉、淋洗和冲洗，淋洗水的排出，以水降低土壤的盐度和钠化度。

通过水文方法进行土壤改良的目标是：

· 有效利用灌溉水。

· 盐分渗入根区下方的底土区。

· 改善水质。

· 通过排水改善涝渍状况。

在灌溉农业中，土壤中的盐分可以通过两种方式去除。

· 将盐分淋洗到根区下方的底土区，淋洗的水再排放到安全地段。

· 冲洗地表的盐分。

如果盐分的净向下运动小于灌溉水输入的盐分，则根区的盐度可能会增加。因此，必须控制土壤盐分平衡，这取决于灌溉水质、盐分的溶解度，以及土壤排水系统。

4.5.1 淋洗

对于盐质土，可以在地表淹水或积水，以溶解盐分并淋洗。一般土壤淋洗深度大致等于淋洗过程中渗入水的深度。为了从土壤中淋洗盐分，理解淋洗需水量（Leaching requirement，*LR*）概念非常重要。*LR* 是必须通过根区底土部，保证作物根区平均含盐量小于某一阈值所需的排水量，占灌溉总水量的分数（计算值）。一些土壤学家认为，应尽量减少 *LR*，以防止地下水位升高，并降低排水系统的负荷（Mashali，1995）。近期成功应用且经济的淋洗方法指南如下。

4.5.1.1 淋洗灌溉时机

如果长期不超过作物的耐盐极限，或在作物生长关键期，淋洗的时机似乎并不重要，甚至可以在每次灌溉中完成淋洗。然而在低渗透率的土壤中，对根区水分过多敏感的作物，在每次灌溉时进行淋洗也许是不可取的。下面列出了淋洗的注意事项。

· 在土壤湿度低且地下水位深时进行淋洗，淋洗应在作物的关键生长阶段之前。

· 淋洗的最佳时机是在作物水分蒸发和蒸腾较低时，如在夜间、高湿度和较凉爽天气时。

· 在种植季节结束时进行淋洗。

· 土壤和植物组织分析有助于确定作物生长期需求和淋洗时机。

沙漠环境中[海湾合作委员会（GCC）国家和其他类似环境]的砂土排水良好。因此，通过使用超过蒸散量的灌溉水量来淋洗盐分，可以将根区的盐度保持在安全范围内。然而在炎热的沙漠条件下，灌溉农业的主要问题是排水量大，必须采取安全和可持续管理策略。

4.5.1.2 淋洗需水量和淋洗分数

为了将 *EC* 保持在规定水平或以下，必须根据通过根区的水量确定淋洗需水量。淋洗分数是指维持根区含盐量小于作物允许含盐量所需的排水深度与灌溉水深之比。

4.5.1.3　地面灌溉的淋洗需水量

为了确定淋洗需水量，必须掌握灌溉水的盐度（$dS \cdot m^{-1}$）和作物耐盐度（以 $dS \cdot m^{-1}$ 为单位的 EC_e）。使用 Rhoades（1974）和 Rhoades 和 Merrill（1976）的公式，得到淋洗需水量：

$$LR = \frac{EC_{iw}}{(5EC_e - EC_{iw})}$$

式中，EC_{iw} 为灌溉水的盐度（$dS \cdot m^{-1}$）；EC_e 为某一特定作物达到最大产量潜力时的盐度；LR 为指采用普通地面灌溉方法种植作物时，将盐度控制在作物容许范围内的最低淋洗需水量。

4.5.1.4　滴灌系统的淋洗需水量

$$LR = \frac{EC_{iw}}{2(\text{Max } EC)}$$

式中，EC_{iw} 是灌溉水的 EC，从 EC_{sw} 得到系数 2，EC_s=2EC_e。

确定作物所需的淋洗需水量（LR）和蒸散量（ET）后，可以计算作物的净需水量（Ayers and Westcot，1985）。

$$净需水量 = \frac{ET}{(1 - LR)}$$

式中，净需水量 = 灌水深度（$mm \cdot year^{-1}$），ET= 作物年总需水量（$mm \cdot year^{-1}$），LR= 以分数表示的淋洗需水量（淋洗分数）。

4.5.2　冲洗

冲洗适用于具有表面盐结皮的盐质土，即干旱和半干旱地区，降雨量不足以淋洗盐分。土壤表面盐分被溶解在冲洗水中，下渗至深层。在土壤质地较重且易积水的地方，积水一段时间就足以溶解盐结皮，再将积水排走，从而去除表面盐分。

· 使用足量优质水溶解土壤表面盐分。

· 土壤必须表面易积水，如亚表层质地较重。

· 现场必须能够冲洗溶解盐分，可以通过农田两侧形成的裂缝，使咸水排入相邻渠道。或者，可以使用长管道将积水虹吸至相邻渠道，清除盐分。

· 必须有安全利用或处理排水的方法。

5 排水和排水系统

排水是指自然或人工清除地表水和地下水。如果以作物生产为目标，土壤积水或地下水位高（浅）的区域将需要排除积水。

安装排水系统有以下目的。

· 通过排水降低地下水位。

· 通过排水来解决内涝问题，并使土地恢复作物生产能力。

· 通过排水，以尽量减少地下水向上移动，并控制地下毛管水上升引起的盐分积聚。

· 通过排水进行盐分管理，以提高作物产量。

5.1 农业排水系统

受高地下水位影响的农业土壤，需要通过排水系统来提高作物产量和/或管理供水。根据现场条件、问题性质、可用资源，选用排水系统。

· 地面排水系统：通过地面排水系统排除积水。

· 地下排水系统：通过使用明沟和暗管排水沟或穿孔塑料管，将地下水位控制在较低的深度，使之更安全。当深层土壤导水率较大时，可利用鼠道排水和垂直排水（抽水）方式。

5.1.1 地面排水（自然排水）系统

自然排水是最经济、最简单的排水方式，适用于具有渗透性且地势高的土地。然而，并非所有盐渍化地区都具备这种地势条件，故需要排水系统。

5.1.2 地下排水系统

地下排水系统最适合灌溉农业，能控制地下水位，并使得植物根区的盐分得以淋洗，以保持土壤水的盐分平衡低于作物阈值。地下排水系统有明沟和封闭式排水管。

· 明沟：即地下水流动的深土沟，最终将水排放到安全地方，供进一步使用。

· 封闭式排水管：即安装在田间的排水管，将水排放到一个集水坑中，集水

坑的出口通向潟湖或盆地。

5.1.3 暗管排水系统

在土壤含水层无法抽水的地区，暗管排水是控制地下水位和减少内涝的一种非常有效方法。它是在土壤表面以下 1 m 处安装开槽 PVC 管（或其他材料）。土壤水通过槽进入管道，被输送至中心井（坑），然后通过泵送或重力排水清除。暗管排水成本可能很高。

为了确保暗管排水系统的可持续性，必须定期检查。

· 在现场多个地点钻取测试孔。

· 定期监测钻孔中的水位。

· 定期检查水质（盐度和钠化度）。

5.1.4 鼠道排水系统

在鼠道排水系统中，地下圆形渠道是通过使用鼠道犁排水形成的，功能类似于埋在土壤中的管道。鼠道排水系统是否适用取决于土壤性质，质地较重的土壤非常适合，因为不太容易坍塌。水不断进入鼠道排水系统，通常会长时间保持稳定。鼠道排水系统比暗管排水系统的成本低很多，且间隔紧密，能有效排水。与暗管排水系统相比，该系统的唯一缺点是使用寿命较短。鼠道排水系统可有效管理地表水，适于改良盐质土和盐化－钠质土。

5.1.5 垂直排水

抽取地下水，是降低高水位的最有效方法（图 3–5）。为了能够抽取地下水，土壤表层下方需要有非常粗糙的沙砾含水层，可以安装开槽管（“井点”或地下取水管）。水通过开槽流入管道，再被泵送到地面。抽水除了可以控制盐度和地下水位外，还可用于补充灌溉（取决于地下水的盐度）。从浅含水层（<25 m 深）抽取地下水，是减缓地表盐度影响的最有效方法。巴基斯坦盐碱地治理和改良项目（SCARP）开发了许多管井，通过降低积水或浅（高）水位区的地下水位，有效减缓了土壤盐渍化。

图 3–5 通过安装管井进行垂直排水

6 盐度控制和灌溉方法

在干旱和半干旱地区，由于年降水量不足以淋洗盐分，土壤盐渍化很常见。该地区优质水量有限，必须在农业中使用咸水。

为了解决灌溉农业的土壤盐渍化问题，必须根据土壤条件、灌溉水质、作物类型和可用资源选择合适的灌溉系统，让农民在可接受的成本之内管理因灌溉引起的土壤盐渍化，而不会对土壤造成损害。

灌溉水借助重力和毛管作用渗入土壤的过程，称为地面灌溉，包括漫灌、淹灌、畦灌和沟灌。根据每个灌溉周期的灌溉频率和水量，在土壤中形成盐分带。在每个灌溉周期结束时土壤变干，盐分浓缩对作物生长产生不利影响。增加灌溉次数可以降低土壤盐度，但也可能浪费水。滴灌或喷灌系统可提高水利用效率，而使用中子水分探测器等核技术可实现在使用咸水条件下高效用水。从地面灌溉转变为更现代化的灌溉系统成本高昂，需要充足合理的理由和更强的作物适应性。在地面灌溉系统中，淋洗通常用于控制作物根区的盐度。

6.1 地面灌溉

6.1.1 淹灌

在淹灌时，需要在农田周围修建田埂以防止水流出，从而将灌溉水限制在目标区域，这种方法通常用于稻田（通过积水种植的水稻）和林地。在阿联酋和其他国家，椰枣树被种植在格田的中心，淹灌法最适用于水淋洗速度较快的砂土。然而，如果作物或树木对积水敏感，则不应采用淹灌。在淹灌系统中，土壤表面盐度受到控制，但在地下湿润带的土壤盐度会增加。

6.1.2 沟灌

沟灌法是在田间建立小渠道，将水输送给作物。当水进入沟渠时会有一部分渗入土壤，渗入水量取决于土壤质地，剩余水沿着斜坡流动。在沟灌系统中，作物生长在沟脊上。沟灌系统中盐分带的形成，取决于要灌溉的沟渠。如果所有的沟渠都用于灌溉，则最高盐度会出现在沟脊中心顶部。如果使用交替沟，则盐分

带会出现在沟脊对面。种植作物时应避开这些潜在的盐分带。

6.1.3 畦灌

当使用畦灌时，土地被划分为不同地块，且每个地块周围都有田埂，水通过小水道流入土壤中。畦灌在印度和巴基斯坦很常见，通过铺设水道防止水渗入土壤。通过使用过量的灌溉水，将盐分淋洗至根区下方底土区。如果土壤质地较细，灌溉后毛管水上升，会在土壤表面形成盐结皮。

6.2 喷灌

喷灌系统类似于降雨，即直接将水喷洒在土壤表面。喷灌系统要求将管道埋在特定深度的土壤中，水进入管道后进行喷灌。喷灌系统通常能高效、经济利用水，并减少土壤深层渗漏损失。Chhabra（1996）认为，如果喷灌与作物需求（蒸散和淋洗）密切相关，则排水和高水位问题可以大大减少，由此会改善盐度控制问题。

6.3 滴灌

滴灌是对土壤最有效的现代灌溉方法。滴灌可以每天向作物精确供水，以满足作物的用水需求。水肥一体化也是向作物根区输送养分的理想方法，从而优化肥料利用效率。滴灌优于喷灌，因为喷灌可能会导致作物叶片烧伤、敏感作物落叶，而滴灌通常不会发生这种情况。滴灌系统由带有滴头的塑料管组成，滴头间距取决于行播作物的间距。

7 土壤改良的生物方法

土壤改良的生物方法包括使用有机材料改善土壤结构，并从碳酸钙中分解出钙。发展盐碱农业（种植耐盐作物），也是生物改良方法的一部分。

7.1 有机改良剂的使用

干旱和半干旱地区的土壤通常缺乏有机质，常见于盐质土和钠质土。土壤中分散的钠会破坏土壤结构，限制根系生长和水分运动。在这种情况下，必须改善土壤结构。通过以下方式添加有机物：

· 将作物残茬翻入土壤中。

· 添加农家肥。

· 使用覆盖材料。

· 种植绿肥作物，如豆类。

作物残茬和添加有机材料，能有效改善土壤结构。用作绿肥的豆科作物除了能添加有机物质外，还能向土壤中添加氮，从而提供双重效益。改善土壤结构可防止土壤被侵蚀并加速改良，这主要是由于渗透性增加所致。有机物的分解产生高浓度 CO_2，并增加有机酸（如腐殖酸、富里酸），从而降低土壤 pH。这些过程增加了碳酸钙溶解度并调动了钙，从而取代了土壤交换复合体中的交换性钠，降低了土壤的钠化度。

有机改性剂与无机改性剂结合使用，效果更佳（Dargan *et al.*，1976）。Awan 等（2015）发现，无论在单作，还是农林复合系统中，单独或结合施用农家肥和无机氮肥，都会对盐化–钠质土地上小麦的产量产生显著影响。为了避免氮缺乏（避免使用碳氮比过高的改良剂）和盐度增加（如避免使用牛粪），选择施用的有机物非常重要。种植绿肥作物比施用农家肥改良土壤的效果更好。

7.2 盐碱农业

很少有作物能在盐质土上生长良好，大多数作物无法生长或生长明显受阻。盐渍化限制了对成功作物品种的选择。盐碱农业是通过生产对盐渍化土壤进行经济利用，例如，种植具有农业价值的耐盐作物，利用咸水进行可持续农业生产等。现在的盐碱农业，涵盖了利用沙漠和海洋资源进行粮食和燃料（能源）生产。发展盐碱农业，应考虑以下两点：

· 必须仔细研究盐碱农业的实施地点，并诊断潜在问题。

· 根据诊断结果选择适当的措施，以实现经济效益最大化。

盐碱农业具有广泛的范围和多样化的维度。其中包括：

· 在适当的作物品种中培育耐盐性。

· 选择耐盐基因型作物。

· 驯化耐盐作物，以经济合理（但可持续）方式开发盐渍化土地。

· 进行气候智能型农业（Climate Smart Agriculture，CSA）实践（土地准备、种植、灌溉和施肥等）。

·植物生理学研究识别在微盐条件下控制产量的生理因素，并利用耐盐基因型和盐敏感基因型的生理差异，制定耐盐作物选择标准。

7.3 筛选方法

在不同盐度水平上筛选一系列作物品种，是开始盐碱农业的有效途径。筛选方法能真实模拟作物生长条件，包括从实验室种子发芽开始到温室研究和田间试验，Shahid（2002）对此进行了详细讨论。

7.3.1 温室水培筛选

将不同作物品种的种子放在培养皿中，使其发芽。在幼苗二至四叶期，小心地将其穿过 Thermool 板（漂浮在水培培养液表面）上的小孔，转移到通气的 Hoagland 营养液中。然后逐步增加培养液的盐度并保持在一定范围内，如 0、100、150、300 mM NaCl 等。在较高盐浓度下存活的作物品种经过初步筛选后，移植到温室和田间，再进一步测试。

7.3.2 田间筛选

通常使用两种田间筛选方法。

第一种方法，同种作物的不同品种成行种植。在田间一角，采用淡水喷灌。在田间另一个角，采用咸水喷灌。调整喷嘴，以不同水量喷洒不同作物品种。在每列作物处放置塑料杯，收集混合“喷水”的样本，以评估田间实际用水的盐度。测定地上部或全株的干物质产量和作物产量，作为衡量耐盐性的标准（Shahid，2002）。

第二种方法，不同的作物品种分列种植。每列作物用不同盐度的水进行滴灌或喷灌。与第一种方法一样，作物产量和干物质产量可以用来衡量不同作物品种的耐盐性。

8 系列生物浓缩（SBC）概念

Heuperman（1995）提出了盐的系列生物浓缩（Series Bioconcentrations，SBC）概念。SBC 是利用灌区排水的多作物生产系统。在 SBC 系统中，收集含盐量增加的排水，重新用于3个或更多种植了不同耐盐作物的连续灌溉地块（Cervinka *et al.*，1999；Blackwell，2000）。SBC系统是将排水回用于耐盐性逐渐增强的作物。每种作物下面都有暗管排水沟，用于收集排水，用于下一阶段的灌溉。在作物列中，由于作物用水，收集的排水量减少。由于作物很少或没有吸收盐分，排水的盐度增加。最终将排水汇集在相对较小的蒸发塘中，蒸发塘要进行防渗处理。这些“咸水”池塘也可养鱼。高浓度盐水也可以收集在一系列蒸发塘中，如果盐具有商业价值或需要安全处理，可以通过蒸发而收集盐。

9 基因工程方法（培育耐盐作物品种）

分子生物学和基因工程方法可以在培育耐盐作物基因型（品种）方面发挥作用，这些耐盐作物品种对粮食和/或生物量生产的边际环境(旱地、盐地)具有抗性。Shahid和Alshankiti（2013）已经确定了一些可行思路，可能成功培育耐盐作物，以满足不断增长人口的粮食需求。

· 培育需水量低的作物品种，中午气孔关闭的作物品种（以减少蒸腾）。

· 在非豆科作物中引入生物固氮（Biological Nitrogen Fixation，BNF）性状，以减少对商业氮肥的依赖。

· 提高作物光合作用效率，从而促进干物质生产。

· 引入对热冲击、盐度和水分胁迫的抗性基因，从而生产出更耐旱作物品种。

· 通过传统育种和农艺技术研究，制定可行方案，在缺水条件下最大限度地提高作物产量。

10 估算盐渍化条件下作物产量

当土壤盐度增加量高于阈值时，作物产量下降。作物可以耐受一定程度的盐度，而不会造成产量的明显损失，即“临界盐度”（Maas，1990）。一般作物耐盐性越强，临界盐度越高。当盐度高于该阈值盐度时，作物产量以线性方式减少。

$$Y_r=100-S\ (EC_e-t)$$

式中，Y_r 是相对作物产量（在给定盐度水平下的实际产量 ÷ 没有盐分影响所得产量）；t 是阈值盐度；S 是每增加一个单位盐度的产量下降幅度率，%（$dS \cdot m^{-1}$）；EC_e 是土壤饱和浸提液的电导率，代表根区平均盐度。根据方程式，可以计算在特定盐度水平（EC_e）下种植作物的预期产量（Y_r）。

11　土壤肥力综合管理（ISFM）

与土壤盐度和钠化度管理一样，通过保持最佳土壤肥力状态，实现土壤健康和高产也同样重要。干旱和半干旱地区的土壤肥力本来就很低，目前仍需通过使用化肥和有机肥料来补充土壤养分，以确保产量稳定。土壤肥力综合管理（Integrated Soil Fertility Management，ISFM）是发展可持续农业的有效策略。

与优质非盐渍土相比，补充土壤养分库，促进农场养分循环，减少养分损失和提高投入效率，对于盐渍土的持续利用更为重要。ISFM 结合使用有机肥和无机肥来提高作物产量，改良贫瘠的土壤，保护广泛的自然资源。有机肥可以通过改变土壤生物、化学和物理性质，来提高无机肥的利用效率。ISFM 优化了作物生产中无机肥和有机肥投入的有效性，可以改良退化土壤并恢复可持续生产力。为作物的可持续生产补充养分，需要采用新的 4R 养分管理策略。

11.1　4R 养分管理策略

采用 4R 养分管理策略，满足作物的营养需求。

- 正确的化肥类型（Right type）：如铵基与硝基肥料。
- 正确的施肥量（Right rate）：基于土壤测试和目标产量。
- 正确的施肥时间（Right time）：当作物需要特定的养分时，施用每种肥料。
- 正确的施肥位置（Right location）：施肥于作物最能吸收养分的根区。

使用 ^{15}N 同位素技术评估田间条件下氮肥的利用率（详见第 6 章）。

12 保护性农业（CA）

保护性农业（Conservation Agriculture，CA）是气候智能型农业（Climate Smart Agriculture，CSA）的一部分。CA认为表层0~20 cm深度土壤作为最活跃区域，也是最易受侵蚀和土地退化影响的区域。通过保护这一关键土壤带，才能保证良好农业和环境的连续性。

Dumanski等（2006）讨论的保护性农业的主要原则如下：

· 保持永久性土壤覆盖，通过使用免耕系统，将对土壤的机械扰动降至最低，这将有助于确保足够的生物量和/或剩余生物量，以加强水土保持和控制土壤侵蚀。

· 通过作物轮作、覆盖作物残茬和使用综合害虫管理技术，促进土壤健康和活力。

· 战略性合理施用适当肥料、杀虫剂、除草剂和杀菌剂，以保持作物需求平衡。

· 促进投入物的精准放置，以降低农场成本，优化运营效率，防止破坏环境。

· 促进豆类作物休耕（包括适当的草本休耕和木本休耕），进行堆肥，使用肥料及其他有机土壤改良剂。

· 促进发展以纤维、水果和医药为生产目的的农林业。

13 气候智能型农业（CSA）

气候智能型农业通过免耕和覆盖等实用技术，提高土壤有机质含量和水分，防止土壤退化。采用土壤肥力综合管理，以降低化肥成本，最终实现粮食安全，适应和减缓气候变化的影响。

CSA寻求环境和社会可接受的方式提高生产力，强化农民对气候变化的适应能力；通过减少温室气体排放，增加农田碳固存和储存，提高农业对气候变化的贡献率。气候智能型农业包括久经验证的实用技术，如覆盖、间作、轮作、保护性农业、作物和畜禽综合管理、农林复合系统、控制性放牧和改进的水资源管理。它还涉及将现有技术传授给农民和开发新技术，如研发更有效的天气预报、早期预警与风险保险，培育适应气候变化的耐旱或耐涝作物。总之，气候智能型农业旨在创造和实现能够适应气候变化的环境条件及政策（World Bank，2011）。

14　高盐度地区矿产资源（被忽视的资源）的商业开发

紧邻海岸的土地极易受到海水入侵影响。随着时间的推移，该区土壤变为盐渍土，成为不利于开展传统农业的区域。然而，这些高盐土地可供采盐用（图3-6），商业潜力巨大。

在澳大利亚，在解决旱地盐分问题的同时，“盐分的生产性利用方案”（Options for the Produce Use of Satinity，OPUS）已成功应用于国家旱地盐度项目（PPK E and I Pty Ltd.，2001），其中一种选择是采盐工业利用。

OPUS 方法有如下目标：

· 整理评估澳大利亚和国际上关于生产性利用盐质土和水的创新方案。

· 为工业化开发盐资源提供指导。

· 评估与盐度问题相关行业的投资成本和营销障碍。

· 充分利用技术、资源和制度，以提高我们利用盐资源的能力，确定需要进一步研究和开发的领域。

OPUS 包括对盐生灌丛利用、牧草地生产、盐渍林生产、鱼类养殖、藻类生

图 3-6　在阿联酋（左）和巴林（右）被忽视的宝贵盐资源

产和海水淡化等行业的评估。

本节重点主要是采盐和盐资源的商业开发。相对于其他离子（Ca^{2+}、Mg^{2+}、SO_4^{2-}、CO_3^{2-}、HCO_3^- 等），获取海水中的 Na^+ 和 Cl^- 占主要成本。因此，实际上谈到盐时是指氯化钠（NaCl），矿物名称是“石盐”。PPK E 和 I Pty Limited（2000）描述了 3 种获取盐的方式。

开采岩盐——地球内部的地下沉积物形成于数百万年前，地球表面覆盖的海洋蒸发和消退后，留下了盐层。岩盐是以矿物形式开采的。

日晒盐——盐水被泵入冷凝池，进入饱和池，待蒸发后析出结晶盐。在阿联酋，海水侵入沿海地区后蒸发，形成了大量结晶盐，有可能被商业利用。

蒸发盐——打井钻入地下盐层，将水抽入井中以溶解盐，卤水被泵送到地面，蒸发后收集。

盐有多种工业用途，化学工业消费的盐占全球盐消费量的 55%，3 种主要产品是苛性钠［NaCl（石盐）+H_2O（水）→ NaOH（苛性钠）+HCl（盐酸）］、纯碱和氯。上述产品在纸浆、造纸、有机和无机化学品、玻璃、石油、塑料（PVC）和纺织行业，有许多商业用途（IMC Global，1999； Olsson Industries，2001；Dampier Salt Pty Ltd.，2001；Cheetham Salt Pty Ltd.，2001）。

盐用于食品行业，如保存和制备罐装或瓶装食品、奶酪生产、面包制作和烹饪等。

在经常有大雪天气的欧洲，盐还被用于道路除冰，占欧洲食盐总使用量的 30%（European Salt Producers' Association，2000）。

15 盐度控制策略

盐度控制战略主要是阻止盐渍化土壤扩张，以大幅度降低盐度的潜在影响，这需要各国政府做出承诺。这一战略目标可以通过多种方式实现，包括：

· 在浅层地下水区重新种植深根树木。

· 通过用泵抽取地下水和淋洗土壤中的盐分。

多年生植物，尤其是紫花苜蓿，对于降低地下水位作用很大，比一年生植物从土壤深处吸收的水分更多。由于桉树能够吸收大量的水，所以被用来降低地下水位（生物排水）。Mahmood 等（2001）报道，在巴基斯坦旁遮普省不同田间条件下，使用热脉冲数据记录器测定的桉树和其他耐盐树种用水情况如图 3–7 和表 3–4 所示。

a. 生长在费萨拉巴德附近帕卡・安纳盐碱研究站盐化－钠质土上的赤桉，用热脉冲数据记录器监测桉树耗水情况；b. 利用热脉冲技术监测树木用水量的设备

图 3–7　热脉冲技术的应用

表 3–4　巴基斯坦费萨拉巴德附近拉合尔与帕卡・安纳种植不同树种平均日耗水量和年耗水量对比

树种	土壤 $EC_{1:1}$（$dS \cdot m^{-1}$）	监测时间（d）	平均日耗水量（mm）± S.E.	年耗水量（mm）
拉合尔				
赤桉（*Eucalyptus camaldulensis*）	2.5~5.0	333	3.82 ± 0.07	1 393
小套桉（*E. Microtheca*）	2.5~5.0	322	2.87 ± 0.06	1 084
帕卡・安纳				
赤桉（*E. Camaldulensis*）（低盐）	3.2~4.0	330	3.20 ± 0.07	1 169
小套桉（*E. Microtheca*）（高盐）	6.2~8.5	285	2.99 ± 0.09	1 090
相思树属（*Acacia ampliceps*）	5.0~5.2	317	1.71 ± 0.05	624
牧豆树（*Prosopis juliflora*）	6.1~7.0	262	0.64 ± 0.01	235

注：引自 Mahmood *et al.*，2001。

如表3–4所示，在拉合尔附近上的赤桉（*Eucalyptus camaldulensis*）年耗水量为1 393 mm。在费萨拉巴德附近的帕卡·安纳（Pakka Anna）盐质土上，灌溉的小套桉（*E. microtheca*）和依赖盐质土地下水的未灌溉赤桉每年也会消耗1 000 mm水。尽管帕卡·安纳的各植物基部面积增长相似，但相思树属（*Acacia ampliceps*）的耗水量远低于赤桉，而该地为数不多的牧豆树林（*Prosopis juliflora*）年耗水量最低，为235 mm。结果说明，选择合适树种需要参考当地水资源的可用性和植被恢复预期。

盐渍化防治策略是向研究者提供鼓励、援助和技术支持，把大部分资源用于纠正和防止盐渍化问题区域进一步扩大。

大家共同努力解决盐渍化问题是明智的，特别是当导致盐渍化问题的原因错综复杂时。政府应采取适当策略，提高盐碱地的长期生产力和改善环境条件。政府还应制定奖励措施和提供补助金，培育农业共同体（包括农民），认识到土地退化问题，并积极采取适当措施，防止盐渍化问题进一步恶化。

在整个农场尺度绘制盐度图，是选择作物品种和种植技术的最佳依据。政府举办盐渍化控制技术展示会，在农民田里现场示范也很有效。编写农场盐渍化控制和管理的入门小册子并分发给农业社区，可以加深农民对盐渍化问题的理解。在学校，教师对学生普及盐碱地方面的知识，并讨论解决方案。毕竟，今天的学生可能成为明天的土地管理者。

参考文献

AWAN A R，SIDDIQUI M T，MAHMOOD K，*et al.* Interactive effect of integrated nitrogen management on wheat production in Acacia nilotica- and Eucalyptus camaldulensis-basedally cropping systems ［J］. Int J Agric Biol，2015，17：1270–1127.

AYERS R S，WESTCOT D W. Water quality for agriculture ［M］. Rome，Italy：FAO irrigation and drainage paper 29 rev 1. Food and Agriculture Organization of the United Nations，1985，174.

BLACKWELL J. From saline drainage to irrigated production ［M］. Griffith，Australia：Research project information from CSIRO land and water，sheet no. 18. Communication Group，CSIRO Land and Water，2000，4 www.clw.csiro.au/division/griffith.

CERVINKA V，DIENER J，*et al.* Integrated system for agricultural drainage management on irrigated farmland，final research report 4-FG-20-11920，five points ［M］. Sacramento，

California, USA: Bureau of Reclamation, US Department of the Interior, 1999, 41.

Cheetham Salt Pty Ltd. Salt from the sea. Cheetham Salt website: www.cheethamsalt.com.au, 2001.

CHHABRA R. Irrigation and salinity control [A]. In: Chhabra R (ed) Soil salinity and water quality [D]. New Delhi/Calcutta: Oxford and IBH Publishing Co Pvt Ltd, 1996, 205-237.

Dampier Salt Pty Ltd. Salt and its uses. Dampier salt website: www.dampiersalt.com.au, 2001.

DARGAN K S, GAUL B L, ABROL I P, *et al.* Effect of gypsum, farmyard manure and zinc on the yield of barseem, rice and maize grown in highly sodic soil [J]. Ind J Agric Sci, 1976, 46: 535-541.

DUMANSKI J, PEIRETTI R, BENETIS J, *et al.* The paradigm of conservation tillage. In: Proceedings of world association of soil and water conservation [M]. 2006, 58-64.

European Salt Producers' Association. Salt in the EU. 2000. Website: www.eusalt.com.

HEUPERMAN A F. Salt and water dynamics beneath a tree plantation growing on a shallow watertable [M]. Tatura Center, Australia: Report of the department of agriculture, energy and minerals victoria, Institute for Sustainable Irrigated Agriculture, 1995, 61.

IMC GLOBAL. World crop nutrients and salt situation report. 1999. IMC Global website: www.imcglobal.com.

MAAS E V. Crop salt tolerance. In: Tanji KK Agricultural salinity assessment and management manual [M]. ASCE New York, USA: ASCE manuals and reports on engineering no 71, 1990, 262-304.

MAHMOOD K, MORRIS J, COLLOPY J, *et al.* Groundwater uptake and sustainability of farm plantations on saline sites in Punjab province, Pakistan [J]. Agric Water Manage, 2001, 48: 1-20.

MAHMOOD K, HUSSAIN F, *et al.* Eucalyptus camaldulensis-a suitable tree for waterlogged and saline wastelands [M]. Faisalabad: Nuclear Institute for Agriculture and Biology (NIAB), 2004, 6.

MASHALI A M. Network on integrated soil management for sustainable use of salt-affected soil. Valencia, Spain: Proceedings of the international symposium on salt-affected lagoon ecosystems ISSALE-95, 1995, 267-283.

Olsson industries. Olsson's salt information page.2001, Website: www.olssons.com.au.

PPK E and I Pty Limited. Options for the productive use of salinity [M]. Australia: National

Dryland Salinity Program，2001，249.

RHOADES J D. Drainage for salinity control. In：Van Schilfgaarde J Drainage for agriculture ［J］. Amer Soc Agron Monograph No，1974，17：433–462.

RHOADES J D，MERRILL S D. Assessing the suitability of water for irrigation：theoretical and empirical approaches. In：Prognosis of salinity and alkalinity ［M］. Rome，Italy：FAO Soils Bulletin 31 Food and Agriculture Organization of the United Nations，1976，69–110.

SCHOONOVER W R. Examination of soils for alkali ［M］. University of California，Berkley，California，USA（Mimeographed）：USSL 1954 Handbook，1952，60.

SHAHID S A. Recent technological advances in characterization and reclamation of saltaffected soils in arid zones. In：Al–Awadhi NM，Taha FK（ed）New technologies for soil reclamation and desert greenery ［M］. Amherst：Amherst Scientific Publishers，2002，307–329.

SHAHID S A，ALSHANKITI A. Sustainable food production in marginal lands–case of GDLA member countries ［J］. Int Soil Water Conserv Res，2013，1：24–38.

SHAHID S A，MUHAMMED S. Comparison of methods for determining gypsum requirement of saline–sodic soils［J］. Bull Irrig Drain Flood Control Res Counc Pak，1980，19（1–2）：57–62.

SHAHID S A，RAHMAN K R. Soil salinity development，classification，assessment and management in irrigated agriculture. In：Passarakli M（ed）Handbook of plant and crop stress ［M］. Boca Raton：CRC Press Taylor & Francis Group，2011，23–29.

SHAHID S A，ASLAM Z，HASHMI Z，*et al.* Baseline soil information and management of a salt–tolerant forage project site ［J］. Eur J Sci Res，2009，27（1）：16–28.

SHAHID S A，ABDEFATTAH M A，OMAR S A S，*et al.* Mapping and monitoring of soil salinization–remote sensing，GIS，modeling，electromagnetic induction and conventional methods–case studies. In：Ahmad M，Al–Rawahy SA（eds）Proceedings of the international conference on soil salinization and groundwater salinization in arid regions［M］. Muscat：Sultan Qaboos University，2010，59–97.

SHAHID S A，TAHA F K，*et al.* Turning adversity into advantage for food security through improving soil quality and providing production systems for saline lands：ICBA perspectives and approach. In：Behnassi M，Shahid SA，D D'Silva（eds）Sustainable agricultural development：recent approaches in resources management and environmentally–balanced production enhancement ［M］. Dordrecht：Springer，2011，43–67.

SHARMA O P，GUPTA R K. Comparative performance of gypsum and pyrites in sodic

vertisols [J]. Ind J Agric Sci，1986，56：423-429.

USSL. Diagnosis and improvement of saline and alkali soils. In: USDA Handbook No 60 [M]. USA：Washington DC，1954，160.

World Bank. Opportunities and challenges for climate-smart agriculture in Africa. 2011，8 http://climatechange.worldbank.org/sites/default/files/documents/CSA_Policy_Brief_web.pdf.

第4章

灌溉系统和盐分发育区

选择适当的灌溉系统（滴灌、喷灌、涌泉灌溉、沟灌等），可提高用水效率和有效管理根区盐度。这些灌溉系统形成了不同盐分聚积区。在地面灌溉系统（漫灌、涌泉灌溉、喷灌、波涌灌溉）中，最高盐度出现在湿润锋的边缘，最低盐度出现在地表。对叶片坏死高度敏感的作物，采用滴灌比喷灌更合适。在地面滴灌中，盐分沿着不断扩大的湿润土壤区的周边聚积，最低盐度出现在水源附近，最高盐度出现在土壤表面，以及任意两个滴头的中心，即土壤湿润体的边缘。在地下滴灌中，随着埋地灌溉线向上的毛管水运动，盐分在土壤表面不断累积，因此，淋洗需水量（*LR*）并不特别适用于埋地滴灌线上方土壤表面淋洗盐分。在沟灌系统中，最高盐分积累在沟渠间的田垄中。不同苗床形状（平顶床、斜坡苗床）盐分累积情况不同。因此，根据盐分发育区，进行盐渍化管理。我们要考虑在何处播种以促进发芽；在何处淋洗，能将根区盐度维持在作物阈值盐分水平以下。本章介绍了作物的相对耐盐性等级，以及使用 Maas–Hoffman 方程预测盐化农场作物产量。

1 引言

在干旱和半干旱地区，农业的主要制约因素是水资源和耕地资源稀缺，气候条件恶劣，用水效率低下，通常需要使用咸水 / 微咸水来灌溉作物。为了减少盐

水对根区土壤盐分的影响，必须选择合适的灌溉系统，这取决于灌溉深度、淋洗和径流造成的水分损失、盐分积累区域与灌溉均匀度。

地面灌溉系统可分为重力流地面灌溉（淹灌、畦灌、波涌溉灌、沟灌等）和压力流灌溉两大类。地面灌溉占主导地位，占全球近 95% 的灌溉面积。地面灌溉的可持续性取决于采用合理的灌溉系统。喷灌和滴灌是最为广泛使用的加压灌溉方法。在滴灌中，水通过管道系统输送到灌溉点，可供植物根系吸收。地面灌溉在输送到灌溉地（或在灌溉点）过程中，会因淋洗造成水量严重损失。

每种灌溉系统均会在特定土壤区域形成盐分积聚，因此，需要进行监测。Shahid（2013）针对不同灌溉系统，提出了土壤盐分发育区概念。本章主要讨论了常用的灌溉方法和土壤盐分发育的可能区域，建议在盐度相对较低的安全区播种或移植幼苗。

盐分积累区域取决于灌溉系统和苗床形状，如淹灌、漫灌、畦灌、涌灌、沟灌、滴灌（地面滴灌、地下滴灌）等。

土壤盐分区的发育，即每个灌溉系统中盐分区的位置和数量是可变的。在淹灌、漫灌、畦灌和喷灌系统中，当地下水位不高时，净水流向下。在这种情况下，不太可能在表面积累盐分；相反，根据最终的湿润区，盐分在更深的土层中积累。每个灌溉周期都会溶解表面盐分，最终这些盐分会集中在湿润区。因此，地表盐度较低，地下盐度增加。

在每个灌溉周期（淹灌、漫灌和畦灌）结束时，土壤变干、盐分积聚，对作物产量会产生不利影响。频繁灌溉可能会降低盐度，但也会浪费水资源，采用滴灌和喷灌可提高水利用效率。在涌泉灌溉（漫灌）中，一个小喷泉可淹没在树基周围挖掘的坑或土壤表面。在海湾合作委员会国家，涌泉灌溉系统通常用于椰枣树（图 4-1）。

图 4-1　椰枣苗淹灌

从传统地面灌溉转为采用更现代化的灌溉系统成本高昂，还需要植物具备高度适应性。然而，现代灌溉系统有其优势，尤其是必须在中东地区、澳大利亚和东南亚地区炎热沙漠条件下必须使用咸水或微咸水时。频繁灌溉（每天两次）可保持土壤湿度，不会导致极湿和极干。土壤中的残余水分会稀释盐分，每隔 2~3 天灌溉一次咸水，这些问题就会减少。

2 喷灌

喷灌（Sprinkler Irrigation，SI）是通过喷洒装置将水喷到空中，分散成细小的水滴，均匀分布在田间的灌水方法（图 4–2）。良好的喷灌必须满足作物对水的所有需求，包括蒸散量（Evapotranspiration，*ET*）。喷灌可高效、经济地利用水资源，并减少向土壤深层渗透的水量。如果通过喷灌施用的水与作物需水量（*ET*+*LR*）高度一致，则可大大减少过度排水和高水位问题，从而改善盐度问题。喷灌主要采用固定式喷头或连续移动系统，如中心支轴式、平移机喷灌机和其他移动式喷灌机。在细粒土（透水率低）上采用喷灌系统时，应特别注意选择喷嘴尺寸、工作压力和喷头间距，以确保在低流速下均匀用水。

图 4–2 阿布扎比酋长国耐盐草示范地块的喷灌

虽然喷灌可以均匀分配水，但强风会影响水的分布，从而影响水的利用效率。在农场边缘建设防风林，有助于减少强风的负面影响。

图 4–3 草地盐度诊断（咸水喷灌已导致植物叶片坏死）

用喷灌器喷洒咸水也可能导致植物叶片烧伤（坏死）（图 4–3）。当灌溉水中

的钠含量超过 70×10^{-6} 或氯化物含量超过 105×10^{-6} 时，会导致植物叶片坏死，因此，必须提高水质。当采用喷灌，植物叶子很容易吸收 Na^{+}、Ca^{2+} 和 Cl^{-}，不同植物叶片对损伤的敏感性不同，这与叶片特性和离子吸收速率有关，而与耐盐性无关（Maas，1986）。在夜间或高湿度环境中进行喷灌，可以减少或避免叶片坏死。作物对叶面伤害的相对易感性（Maas，1986）如表 4-1 所示。建立和运营喷灌系统的高昂成本，限制了自给自足农户使用该系统。

表 4-1　作物对盐水喷灌造成叶面损伤[a]的敏感性

造成叶面损伤的 Na^{+} 或 Cl^{-} 浓度（$mEq\cdot L^{-1}$）			
<5	5~10	10~20	>20
扁桃	葡萄	苜蓿	花椰菜
杏树	胡椒	大麦	棉花
柑橘属	马铃薯	玉米	糖用甜菜
李子	番茄	黄瓜	向日葵
		红花	
		芝麻	
		高粱	

注：引自 Maas，1986；Minhas and Gupta，1992。

a. 叶面损伤受栽培和环境条件的影响

在喷灌条件下，土壤中盐分的积聚程度如图 4-4 所示。喷灌 I 系统对于表面淋洗盐非常有效，并提供了一个有利于种子萌发和作物早期生长的土壤环境。

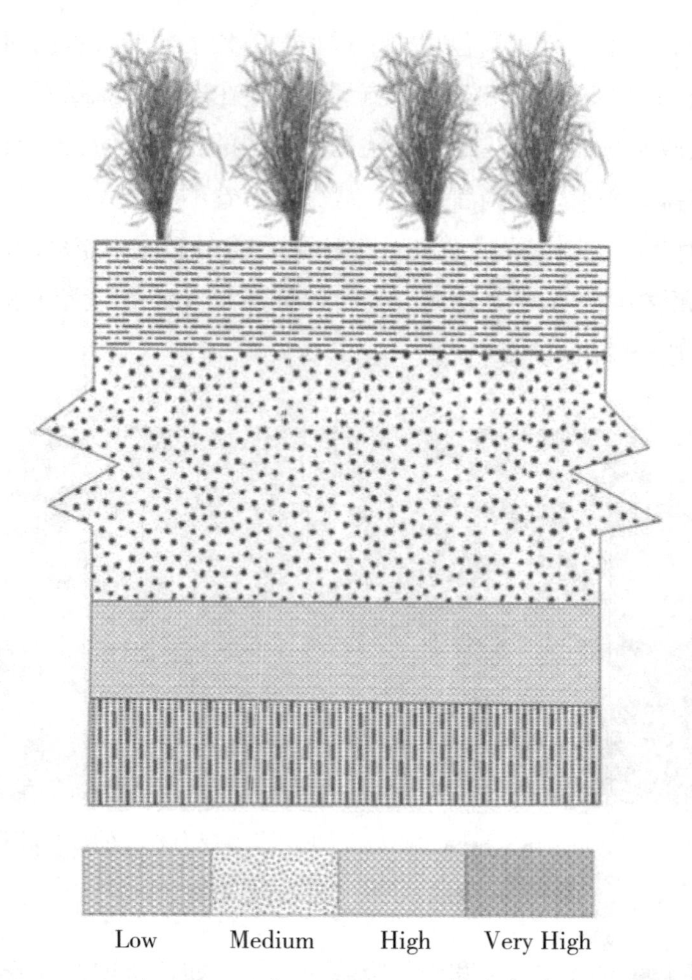

Low：低；Medium：中；High：高；Very High：非常高（注：引自 Shahid，2013）

图 4-4　各种灌溉系统下的盐度区剖面（喷灌、淹灌、漫灌和畦灌）

3　滴灌

滴灌（Drip Irrigation，DI）系统可通过管道（通常是塑料管）和发射器（滴水器）每天或定期向作物提供所需水量，提高了水利用效率。每个滴头的流速可以控制在 1~4 $L \cdot h^{-1}$。使用滴水器喷洒咸水可能会提高作物产量，因为滴水器能够保持土壤湿润。对叶片坏死高度敏感的作物，滴灌通常比喷灌更适合。然而，由于滴头直径非常小，滴头末端的咸水蒸发会导致堵塞，从而减少（或完全停止）单个滴头流量，因此，必须定期检查滴头。

在滴灌中，土壤盐分积聚包括两个过程。首先土壤被咸水饱和，溶质扩散至全部土壤，使相邻的孔隙饱和（图 4–5）；然后在连续的灌溉周期，土壤中水分蒸发，作物吸收水分和养分。由于上述两个过程的相互作用，溶质在土壤中再分布，最终形成盐分积聚。在滴灌期间，盐分将沿着不断扩大的湿润区积聚在土壤表面以下。长时间的土壤干燥或灌溉周期间隔长，会导致越来越多的咸水流向作物，从而增加作物受损的可能性。这可以通过保证灌溉量，使新灌溉水流动，始终远离滴头，防止盐分积聚。

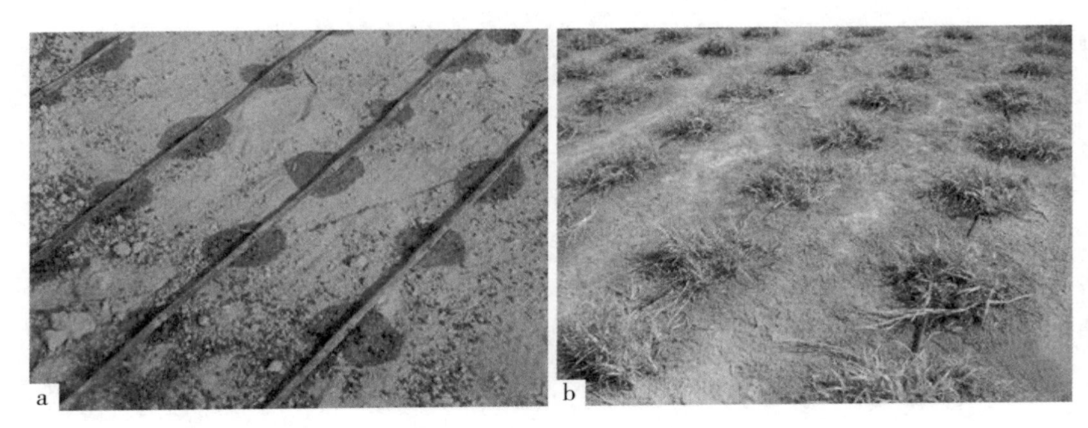

a. 湿润土壤；b. 湿润区交汇处（滴灌带中心）的盐分积聚

图 4–5　滴灌系统中的湿润区和盐分积聚

盐分通过土壤的水分蒸发和作物吸收而浓缩。如上所述，盐分积聚出现在土壤湿润区边缘（图 4–5a），最低盐分浓度出现在水源附近（图 4–6）。在土壤表面和两个滴头的正中心，即土壤湿润体边缘处，盐分浓度最高（图 4–5b）。

注意避免盐分对作物造成负面影响，特别是在下小雨时，会将盐分从滴水线中心带向作物及根区。因此，除非下大雨（≥ 50 mm），否则，应按计划继续灌溉，尽管这在干旱和半干旱地区非常罕见，尤其是在海湾合作委员会国家等的炎热沙漠环境中。当下暴雨时，足以将盐分淋洗到更深土层，从而使根区无盐。

总之，每天滴灌通常能使水分不断向下移动至更深土层，从而控制盐分水平。

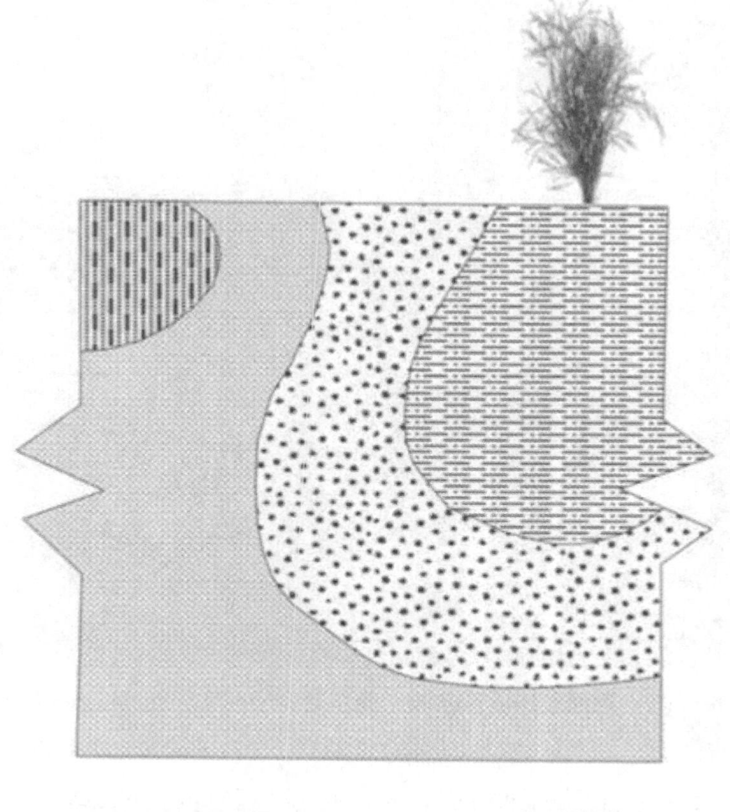

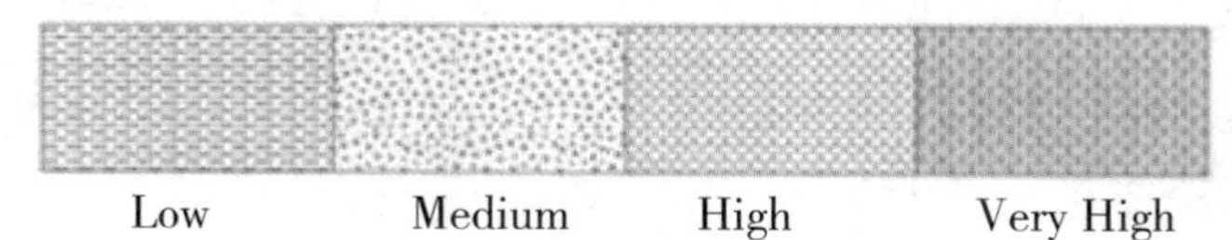

Low：低；Medium：中；High：高；Very High：非常高

图 4-6　由地表滴灌产生的盐分积聚典型模式

3.1　滴灌时盐度管理

为了减少根区的盐分影响，在 ICBA 试验站进行了一项试验，以检查滴灌（无作物）在不同滴头（滴灌器）间距（25 cm、50 cm 和 75 cm）时的性能，所用咸水导电率为 30 dS · m^{-1}。

对从滴头中心采集的土壤样品进行分析，发现饱和泥浆土壤 EC_e 分别为 26 dS · m^{-1}（25 cm 间距）、90 dS · m^{-1}（50 cm 间距）和 102 dS · m^{-1}（75 cm 间距）。滴头间距对土壤盐度等值线的影响一目了然（图 4-7）。

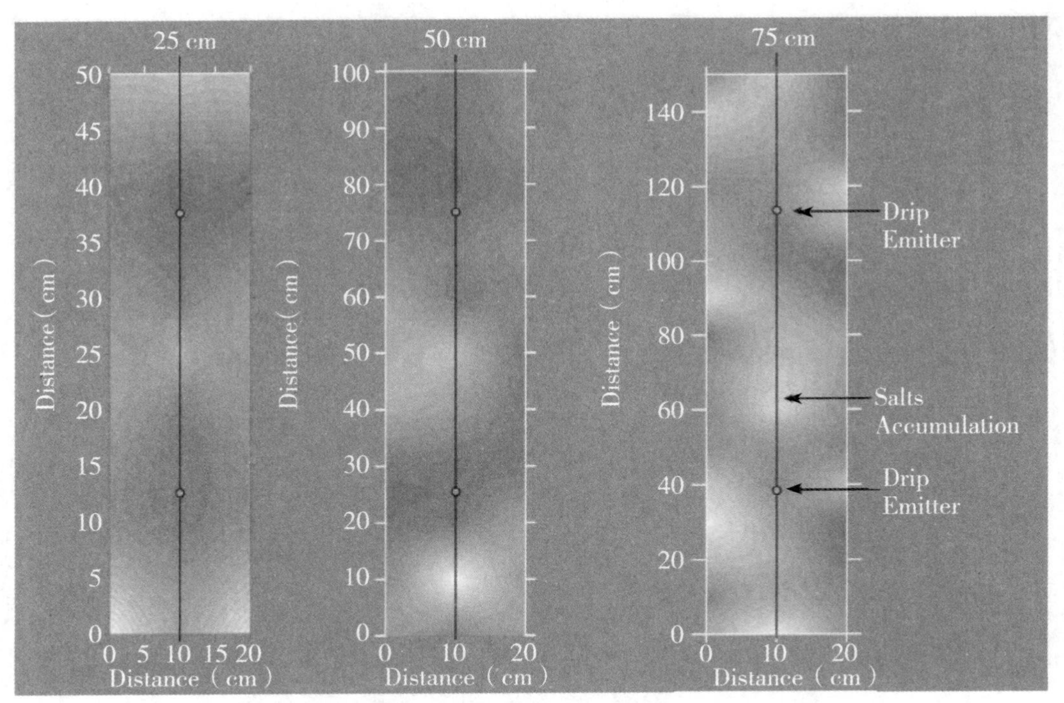

Distance：距离；Drip Emitter：滴水器；Salts Accumulation：盐分积聚

注：白色代表盐度，白色区域越大表示盐度越高（引自 Shahid and Hasbini，2007）。

图 4-7　在滴头间距为 25 cm、50 cm 和 75 cm 时的土壤盐度

3.2　地下滴灌

与其他灌溉系统相比，地下滴灌（Subsurface Drip Irrigation，SDI）减少了因蒸发和深层渗漏造成的水分损失，同时完全消除了地表径流（Phene，1990）。地下滴灌也提高了作物的产量和质量（Ayers *et al.*，1999），同时提高了养分利用效率（Thompson *et al.*，2002）。

地下滴灌的主要局限性，在作物生长季盐分随毛管水沿埋地灌溉管线向上运移（图 4-8），在土壤表面不断积聚（Oron *et al.*，1999），这是因为灌溉水无法淋洗盐分。淋洗需水量（*LR*）在地下滴灌条件下不起作用，特别是在地下滴水带上方地表淋洗盐分，可以借助喷灌淋洗盐分（Thompson，2010）。虽然喷灌结合滴灌成本高，但却是一种必要的妥协。当使用咸水 / 微咸水灌溉或土壤质地较细时，盐分积聚会更快。只有借助大雨或喷灌，才能淋洗盐分。

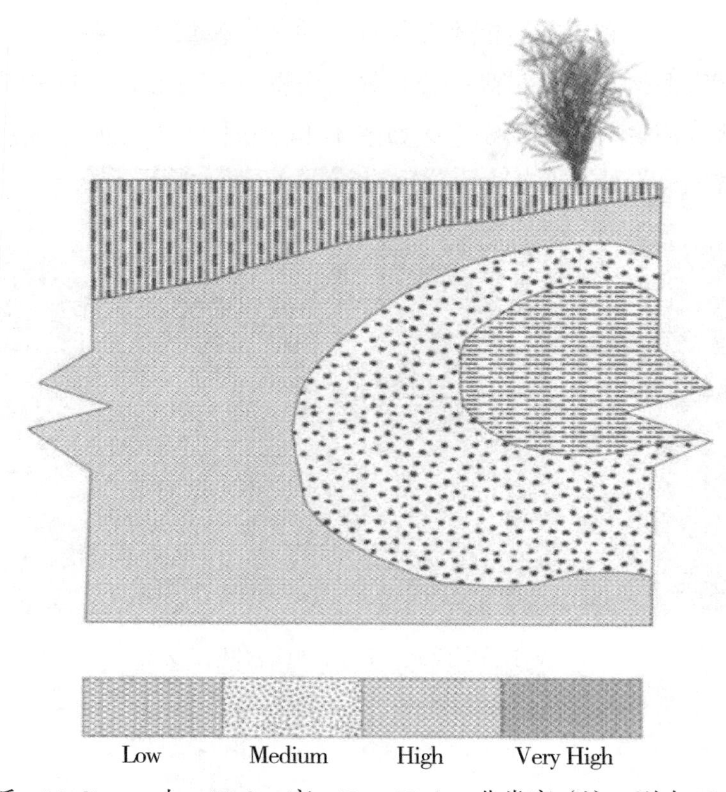

Low：低；Medium：中；High：高；Very High：非常高（注：引自 Shahid，2013）

图 4-8　地下滴灌土壤中的相对盐分积聚

4　沟灌

沟灌（Furrow Irrigation，FI）最常用于土壤质地细密的地区。在缺水和土壤沙质地区（如海湾合作委员会国家），不建议使用沟灌。对于选择沟灌的农民，可通过改变苗床形状来减少盐分对作物的影响（Bernsteine and Fireman，1957；Bernstien and Francois，1973；Bernstein *et al.*，1955；Chhabra，1996）。

在沟灌系统中，从沟底到沟顶土壤盐度变化很大。图 4-9a 显示了沟灌中的盐分积聚模式，可以确定播种（或幼苗移栽）安全区，以最小化盐分影响，实现更高的作物产量。对垄田深翻将积聚的盐分再分布，可以继续耕种。

如果两条沟渠进行灌溉，则最大盐分积聚区将出现在苗床中心（图 4-9a、图 4-10、图 4-11）。播种或幼苗移栽到远离盐分积聚区是安全的（图 4-9b），否则，在盐分影响下，种子很可能不会发芽，幼苗会死亡（图 4–12）。

如果交替灌溉沟渠，则最高盐分积聚区出现在未灌溉沟渠的两侧。播种或幼苗移栽坡地盐分积聚区和作物安全区如图 4–14 和图 4–15 所示。到远离高盐分积聚区是安全的（图 4–13）。

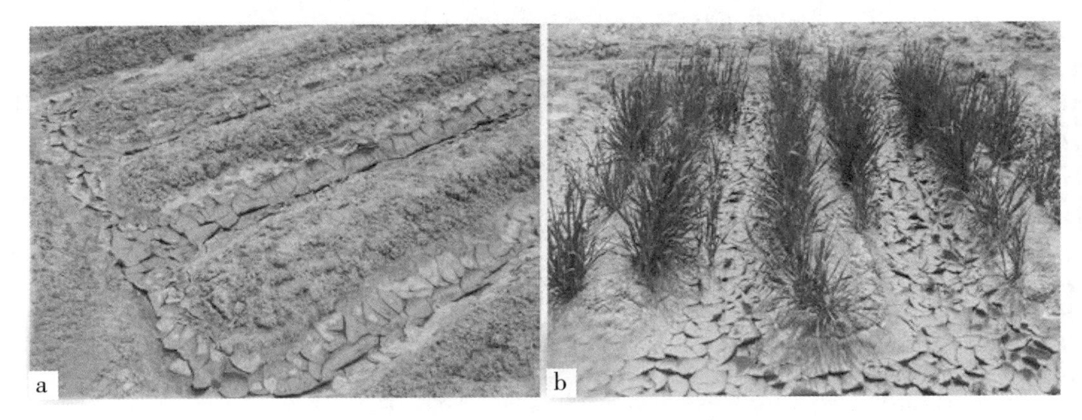

a. 盐分积聚模式；b. 播种或移栽在安全区

图 4–9　沟灌系统

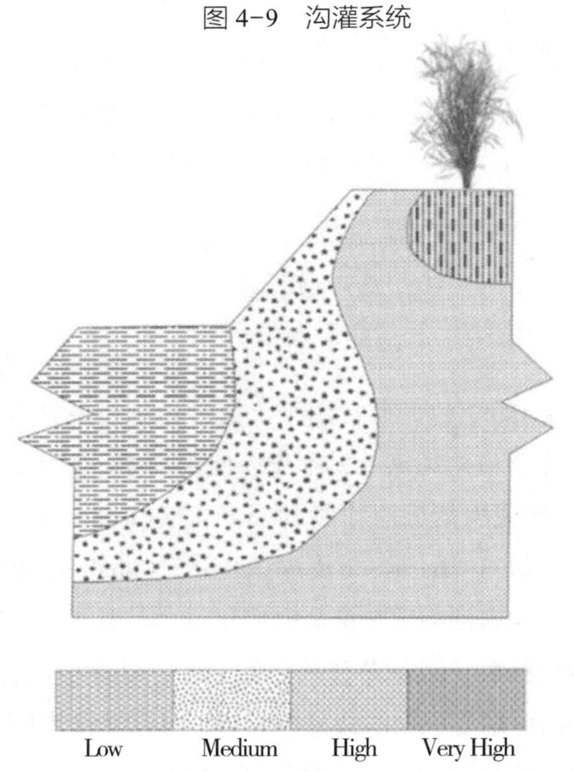

Low：低；Medium：中；High：高；Very High：非常高

图 4–10　灌溉两条沟渠的盐分积聚区；在高盐积聚区任何位置种植作物，都会受到影响

Safe place for plants：作物安全区；Salts：盐分；Water：水

图 4-11　沟灌系统（平台型）：两条犁沟都灌溉

Dead plant：死亡作物；Salts：盐分；Water：水

图 4-12　在盐分积聚区作物会死亡

Salts：盐分；Safe place for plants：作物安全区；Water：水

图 4-13　沟渠交替灌溉时盐分积聚区和作物安全区

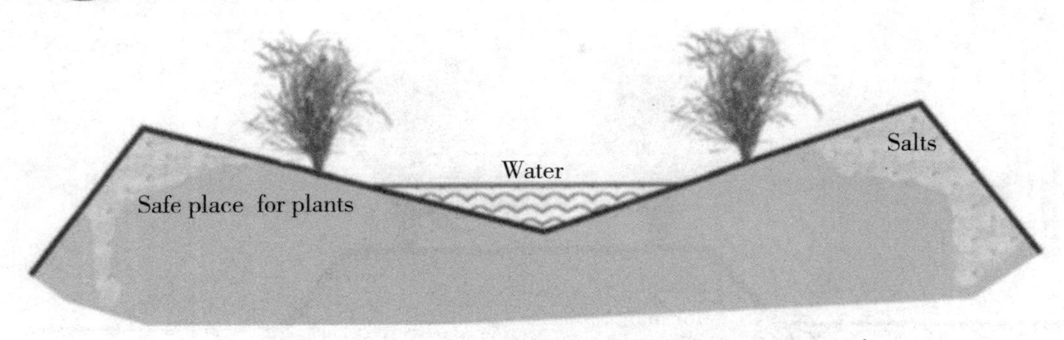

Salts：盐分；Safe place for plants：作物安全区；Water：水

图 4-14　坡地盐分积聚区与安全播种区

Salts：盐分；Safe place for plants：作物安全区；Water：水

图 4-15　斜坡床上的盐分积聚区和作物安全区（两侧沟渠都灌溉时）

5　波涌灌溉（涌灌）

波涌灌溉（Surge Flow Irrigation，SFI）是一种减少径流量并可使水更均匀渗透的方法（Yonts and Eisenhauer，2008）。长期以来人们认识到，间歇灌溉比连续灌溉水将更快到达灌溉地的末端。特别是对于粗质地的土壤，连续灌溉几乎不可能到达农田另一端，大部分水会渗透到田地入水处的土壤中。

波涌灌溉中，当水第一次接触沟内土壤时，渗透速率较高；随着水流继续，渗透速率降低到稳定速率。如果水被切断且继续渗透，就会形成表面密封。当再次引入水时，由于这种局部密封作用，先前湿润土壤的渗透速率降低，最终使更多的水沿着沟渠向前流动，很少渗入土壤。然而，对于沙质土，波涌灌溉法可行性差。在海湾合作委员会国家，由于灌溉水短缺、为沙质土壤和非常炎热的气候条件，采用波涌灌溉受到限制。

6 根区盐度和钠化度管理

目前尚无管理根区盐度的通用技术，基于工程、化学、物理、水利、生物和农艺技术相组合的科学诊断方法（图 4-16）。一旦正确诊断出问题区域，就可实施最佳管理。

图 4-16 根区土壤采样

6.1 物理方法

激光引导土地平整——土地平整可以更均匀地分配水分。

深翻——通过深翻可以打破致密土层(或硬土层)，限制根系穿透和水分入渗。

刮盐——刮去土壤表面的盐结皮，避免大雨对盐分的淋洗。

掺沙——将沙子掺合到质地细密的土壤（类黏土的）中，改变土壤的水分渗透性。但是，这种做法成本昂贵，不适合大面积推广。

6.2 化学方法

改良剂的使用——值得注意的是，盐度无法通过化学方法改良，但钠化度可通过化学方法改良。且可能会对土壤盐度产生间接影响。改善土壤钠化度最常用的改良剂是石膏（$CaSO_4 \cdot 2H_2O$），石膏用量将基于标准实验室方法确定的“石膏需求量”。然而，如果土壤中含有足量的碳酸钙（$CaCO_3$），则可使用其他改良剂，如硫粉（S）、硫酸（H_2SO_4）或黄铁矿（FeS_2）等，从碳酸钙中调动钙，可起到石膏同样的作用，改善土壤的钠化度。

6.3 水利方法

排水系统——排水系统（地面和地下）可以将地下水位降低到安全水平，以避免作物根区过多水分的有害效应影响。排水系统可起到水控制作用，维持根区水分水平和调节水盐平衡。

灌溉系统——采用灌溉系统时，应允许频繁、均匀和高效地用水，并尽可能减少渗漏损失，但不减少基本的淋洗需水量。避免在种子萌发阶段使用咸水。如果也有优质水，农民应使用优质水与咸水交替灌溉。

淋洗需水量——如有必要，农民在作物蒸散需水量基础上增加额外用水，以淋洗根区盐分。

使用咸水/微咸水通常会提高根区土壤盐度，可以在作物蒸散需水量基础上额外用水来控制。这些额外用水通常会将盐分淋洗到根区以下。计算淋洗需水量（*LR*）方程式如下（Ayers and Westcot，1985）：

$$LR = \frac{EC_w}{5EC_e - EC_w}$$

式中，LR 为淋洗需水量；EC_w 为灌溉水的 EC（$dS \cdot m^{-1}$）；EC_e 为 Ayers 和 Westcott（1985）提出的根区剖面平均饱和浸提液 EC（$dS \cdot m^{-1}$）。

实例

当灌溉水盐度为 5 $dS \cdot m^{-1}$ 时，计算苜蓿喷灌（SI）系统的淋洗需水量。

假设苜蓿的临界盐度水平为 2 $dS \cdot m^{-1}$（EC_e），则可使苜蓿减产 10% 的 EC_e 为 3.4 $dS \cdot m^{-1}$。

$$LR = \frac{5}{(5 \times 3.4) - 5} = 0.41$$

6.4 农艺学方法

正确播种——采用规范种植方法，尽量减少盐分对种子萌发和作物生长早期阶段的影响（参考本书灌溉系统和盐分区的部分内容）。

6.5 生物学方法

由于缺乏优质水资源、环境条件恶劣和土地盐度特别高而无法实行传统农业，作为一种妥协，可以种植耐盐作物，发展盐碱农业。表4–2提供了耐盐作物的选择指南。

表4–2 作物相对耐盐性等级

作物相对耐盐性等级	开始出现产量降低时的土壤盐度（EC_e，$dS \cdot m^{-1}$）
敏感（S）	<1.3
中度敏感（MS）	1.3~3.0
中度耐受（MT）	3.0~6.0
耐受（T）	6.0~10.0
不适用于大多数作物（除非可接受产量降低）	>10.0

7 相对作物耐盐性评级

图4–17中，作物相对耐盐性等级可分为五类，每组代表具有相似耐性的作物。根据表4–2中的数据，可以为每个类别分配最小和最大EC_e边界。应该指出的是，这种更广泛的划分是针对一般准则的，而不是严格的规则（Maas，1987）。

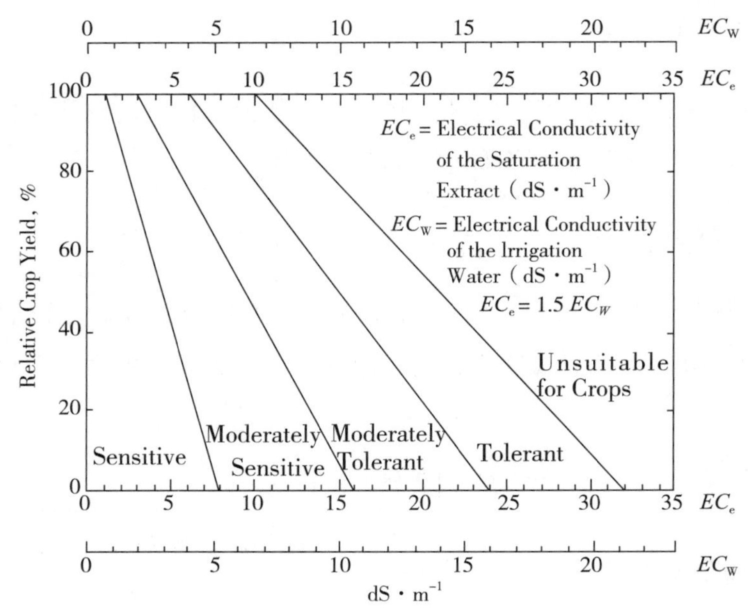

Relative Crop Yield：相对作物产量；Sensitive：敏感；Moderately Sensitive：中度敏感；Moderately Tolerant：中度耐受；Tolerant：耐受；Unsuitable for Crops：作物无法适应；Electrical Conductivity of the Saturation Extract：饱和浸提液的电导率；Electrical Conductivity of the Irrigation Water：灌溉水的电导率（注：引自 Maas，1987；Ayers and Westcot，1985）

图 4-17　作物相对耐盐性等级的划分

8　土壤盐度与作物相对减产

作物可以耐受一定盐度，而不会造成明显减产（称为阈值水平）。一般作物耐盐性越强，阈值越高。当盐度高于阈值时，作物产量随着盐度的增加呈线性下降。使用 Maas 和 Hoffman（1977）开发的盐度 / 产量模型中的盐度值，可以预测产量损失（表 4–3），如以下关系式所示。

$$Y_r=100-s（EC_e-t）$$

式中，Y_r 为在盐渍化条件下生长的作物产量；t 为产量开始下降的盐度阈值；s 为超过 t 后每增加 1 个 EC_e（dS・m^{-1}）的产量损失百分比。

农场盐度图和表 4–3，可作为预测盐碱农业产量损失的指南。

表 4-3 **作物的耐盐性**

作物	植物学名	阈值（t）EC_e，$dS \cdot m^{-1}$	斜率（s），每 $dS \cdot m^{-1}$	评级[a]	最小值[b] EC_e，$dS \cdot m^{-1}$	最大值[c] EC_e，$dS \cdot m^{-1}$
大田作物						
大麦（饲用）	*Hordeum vulgare*	8.0	5.0	T	8.0	28.0
糖用甜菜	*Beta vulgaris*	7.0	5.9	T	7.0	24.0
高粱	*Sorghum bicolor*	6.8	16.0	MT	6.8	13.0
黑小麦	*X Triticosecale*	6.1	2.5	T	6.1	46.0
小麦	*Triticum aestivum*	6.0	7.1	MT	6.0	20.0
硬质小麦	*Triticum turgidum*	5.9	3.8	T	5.7	20.0
苜蓿	*Medicago sativa*	2.0	7.3	MS	2.0	16.0
玉米	*Zea mays*	1.7	12.0	MS	1.7	10.0
豇豆	*Vigna unguiculata*	4.9	12.0	MT	4.9	13.0
蔬菜						
花椰菜	*Brassica oleracea botrytis*	2.8	9.2	MS	2.8	14.0
番茄	*Lycopersicon esculentum*	2.5	9.9	MS	2.5	13.0
黄瓜	*Cucumis sativus*	2.5	13.0	MS	2.5	10.0
菠菜	*Spinacia oleracea*	2.0	7.6	MS	2.0	15.0
芹菜	*Apium graveolens*	1.8	6.2	MS	1.8	18.0
卷心菜	*Brassica oleracea capitata*	1.8	9.7	MS	1.8	12.0
马铃薯	*Solanum tuberosum*	1.7	12.0	MS	1.7	10.0
辣椒	*Capsicum annuum*	1.5	14.0	MS	1.5	8.5
生菜	*Lactuca sativa*	1.3	13.0	MS	1.3	9.0
小萝卜	*Raphanus sativus*	1.2	13	MS	1.2	8.9
洋葱	*Allium cepa*	1.2	16.0	S	1.2	7.4
胡萝卜	*Daucus carota*	1.0	14.0	S	1.0	8.1
四季豆	*Phaseolus vulgaris*	1.0	19.0	S	1.0	6.3

（续表）

作物	植物学名	阈值（t）EC_e，dS · m^{-1}	斜率（s），每 dS · m^{-1}	评级[a]	最小值[b] EC_e，dS · m^{-1}	最大值[c] EC_e，dS · m^{-1}
蔓菁	*Brassica rapa*	0.9	9.0	MS	0.9	12.0
水果						
海枣	*Phoenix dactylifera*	4.0	3.6	T	4.0	32.0
甜橙	*Citrus sinensis*	1.7	16.0	S	1.7	8.0
桃子	*Prunus persica*	1.7	21.0	S	1.7	6.5
杏树	*Prunus armeniaca*	1.6	24.0	S	1.6	5.8
葡萄	*Vitus* sp.	1.5	9.6	MS	1.5	12.0
杏树	*Prunus dulcis*	1.5	19.0	S	1.5	6.8
欧洲李	*Prunus domestica*	1.5	18.0	S	1.5	7.1
黑莓	*Rubus* sp.	1.5	22.0	S	1.5	6.0
草莓	*Fragaria* sp.	1.0	33.0	S	1.0	4.0

S：敏感，MS：中度敏感，T：耐受，MT：中度耐受

注：a. 作物相对耐盐性等级（见表 4-2）；b. EC_e 最小值不会降低产量（阈值）；c. EC_e 最大值将产量降低到零（引自 Maas and Hoffman，1977；Ayers and Westcot，1985；Maas，1990）。

耐盐性作物的分类见图 4-17，相对耐盐性评级，即使基于有限数据，也可用于作物之间的比较。

参考文献

AYERS R S，WESTCOT D W. Water quality for agriculture. FAO irrigation and drainage paper 29 rev 1 ［M］. Rome，Italy：Food and Agriculture Organization of the United Nations，1985，174.

AYERS J E，PHENE C J，HUTMACHER R B，*et al.* Subsurface drip irrigation of row crops：a review of 15 years of research at the water management research laboratory ［J］. Agric Water Manag，1999，42：1-27.

BERNSTEIN L，FIREMAN M. Laboratory studies on salt distribution in furrow-irrigated soil with special reference to the pre-emergence period ［J］. Soil Sci，1957，83：249-263.

BERNSTEIN L，FRANCOIS L E. Comparison of drip，furrow and sprinkler irrigation [J]. Soil Sci，1973，115：73-86.

BERNSTEIN L，FIREMAN M，REEVE R C，*et al.* Control of salinity in the Imperial Valley [M]. California：USDA，ARS-41-4，1955，16.

CHHABRA R. Irrigation and salinity control. In：Chhabra R（ed）Soil salinity and water quality [M]. New Delhi：Oxford and IBH Publishing Co Pvt Ltd，1996，205-237.

MAAS E V. Salt tolerance of plants [J]. Appl Agric Res，1986，1：12-26.

MAAS E V. Salt tolerance of plants. In：Christie BR（ed）Handbook of plant science in agriculture [M]. Boca Raton：CRC Press，1987，57-75.

MAAS E V. Crop salt tolerance. In：Agricultural salinity assessment and management [M]. New York：American Society of Civil Engineers，1990.

MAAS E V，HOFFMAN G J. Crop salt tolerance-current assessment [J]. J Irrig Drain Div，1977：115-134.

MINHAS P S，GUPTA R K. Quality of irrigation water：assessment and management [M]. New Delhi：Indian Council of Agricultural Research，1992，123.

ORON G，DEMALACH Y，GILLERMAN L，*et al.* Improved saline-water use under subsurface drip irrigation [J]. Agric Water Manag，1999，39（1）：19-33.

PHENE C J. Drip irrigation saves water. Proceedings of the National Conference and exposition [M]. Phoenix，USA：Offering water supply solution for the 1990's. 1990，645-650.

SHAHID S A. Irrigation-induced soil salinity under different irrigation systems-assessment and management，short technical note [J]. Clim Chang Outlook Adapt：Int J，2013，1（1）：19-24.

SHAHID S A，Hasbini B. Optimization of modern irrigation for biosaline agriculture [J]. Arab Gulf J Sci Res，2007，25（1/2）：59-66.

THOMPSON T L. Salinity management with subsurface drip irrigation. Proceedings of the international conference on soils and groundwater salinization in arid countries [M]. Muscat，Oman：Sultan Qaboos University，2010，9-13.

THOMPSON T L，DOERGE T A，GODIN R E. Subsurface drip irrigation and fertigation of broccoli：II. Agronomic，economic and environmental outcomes [J]. Soil Sci Soc Am J，2002，66：178-185.

YONTS C D，EISENHAUER D E. Fundamentals of surge irrigation [M]. NebGuide University of Nebraska Lincoln-Extension Institute of Agricultural and Natural Resources Index：Irrigation Operations and Management，2008. http：//extensionpublications.unl.edu/assets/html/g1870/build/g1870.htm

第 5 章

灌溉水质

受地下水的开采和利用方式、降雨强度和含水层补给的影响，不同地区、国家和地点的灌溉水质不同。在降水量稀少的炎热干旱国家，使用地下水进行农业灌溉，导致地下水盐度增加，进而限制种植作物的选择，因此，确定灌溉水质很重要。水中可溶性盐的浓度和组成决定了质量。本章介绍了评估灌溉水质的 4 个基本标准，包括盐度（*EC*）、钠危害度（钠吸附比 *SAR*）、残留碳酸钠（Residual sodium carbonate，*RSC*）和离子毒性，硼和氯化物对水的毒性，并列出了作物对硼的相对耐受水平。本章修改了美国农业部盐土实验室 1954 年灌溉水质图，将灌溉水的盐度水平从 2 250 $\mu S \cdot cm^{-1}$ 扩展到 30000 $\mu S \cdot cm^{-1}$。根据灌溉水的盐度和钠化度分级，可以选择耐盐作物，制定盐度和钠化度管理方案。最后举例说明了通过混合不同的水来降低盐度、填加石膏来管理钠化度的步骤。

1 引言

水资源短缺是制约可持续发展农业和人口粮食需求的主要因素。日益增长的人口、温室气体排放所导致的全球变化、农业集约化，给不可再生的土壤和水资源带来了严峻压力。目前全球人口 80 亿，到 2050 年将增长到 97 亿，大多发展中国家已经面临粮食短缺问题。目前的农业生产力需要提高 70%，才能满足粮食安全的需要。全球正一致努力，同时，提高灌溉农业水的有效性，同时强化雨养农业的集水和节水等。

咸水/微咸水使用不当，常导致土壤盐渍化、离子毒性和地下水污染等问题。因此，人们必须了解水质如何影响灌溉农业管理。在干旱地区，降雨不能充分淋洗土壤中的盐分，盐分就会在作物根区积聚，因此，需要定期监测土壤和水。钠化，即过量钠的存在，将导致土壤结构恶化，渗透性变差。毒性是指某些盐（如氯化物、硼、钠和一些微量元素）超过临界浓度，作物生长受阻。

本章阐述了灌溉水质的标准和相关管理问题，以及采用不同灌溉水土壤的反应［引自早期灌溉水质手册（Shahid，2004）］。

2 灌溉水质评估

2.1 评估灌溉水质的标准

水中可溶性盐的浓度和组成，将决定其使用质量（饮水、作物灌溉等）。因此，水质是影响灌溉农业的重要因素，特别是灌溉农业区的盐渍化成为一个重要问题时。

评估灌溉水质有4个基本标准：

· 可溶性盐的总含量（盐危害）。

· 钠吸附比（钠危害）：钠（Na^+）与钙（Ca^{2+}）和镁（Mg^{2+}）的相对比例。

· 残余碳酸钠（*RSC*）：碳酸氢钠（HCO_3^-）和碳酸盐（CO_3^{2-}）浓度，因为 *RSC* 与 Ca^{2+} 和 Mg^{2+} 有关。

· 某元素浓度过高，导致作物离子失衡或作物毒性。

为评估灌溉水的前3个重要标准，需要确定灌溉水的电导率（*EC*）、可溶性阴离子（CO_3^{2-}、HCO_3^-、Cl^- 和 SO_4^{2-}，Cl^- 和 SO_4^{2-} 可选）浓度和可溶性阳离子（Na^+、K^+、Ca^{2+}、Mg^{2+}，K^+ 可选）浓度，以及硼含量。因为水 pH 往往会被土壤缓冲，大多数作物都能耐受较大 pH 范围，因此，灌溉水的 pH 并非水质评价标准。关于水质分析常用技术，可参考 USSL（1954）和 Bresler 等（1982）的相关文献。

2.2 盐危害

过量盐分会增加土壤溶液的渗透压，导致生理性干旱。因此，即使农田土壤看起来水分充足，作物也会枯萎。这是因为土壤的高渗透势，作物根系无法吸收土壤水分。作物通过蒸腾作用失去的水分无法得到补充，从而发生萎蔫。

灌溉水的总可溶性盐（*TSS*）含量可以通过测定电导率（*EC*）得到，单位为每厘米微西门子（$\mu S \cdot cm^{-1}$），也可以通过测定实际含盐量（$\times 10^{-6}$）得到。表 5-1 为灌溉水的盐危害指南。

表 5-1　灌溉水的盐危害指南

危害	盐含量	
	浓度（$\times 10^{-6}$）	*EC*（$\mu S \cdot cm^{-1}$）
无——通常不会	500	750
部分——可能对敏感作物产生有害影响	500~1 000	750~1 500
中度——可能对作物产生不利影响，需要谨慎管理	1 000~000	1 500~3 000
严重——须精心管理，用于渗透性土壤上种植耐盐作物	2 000~5000	3 000~7 500

注：引自 Follett and Soltanpour，2002；Bauder *et al.*，2011。

美国农业部盐土实验室（1954）灌溉水的盐度分级图没有显示超过 2 250 $\mu S \cdot cm^{-1}$ 的 *EC*，但是，大多数灌溉用水的盐度高于 2 250 $\mu S \cdot cm^{-1}$。Shahid 和 Mahmoudi（2014）修改了 USSL（1954）灌溉水的分级图，将水的盐度增加到 30 000 $\mu S \cdot cm^{-1}$（图 5-1）。

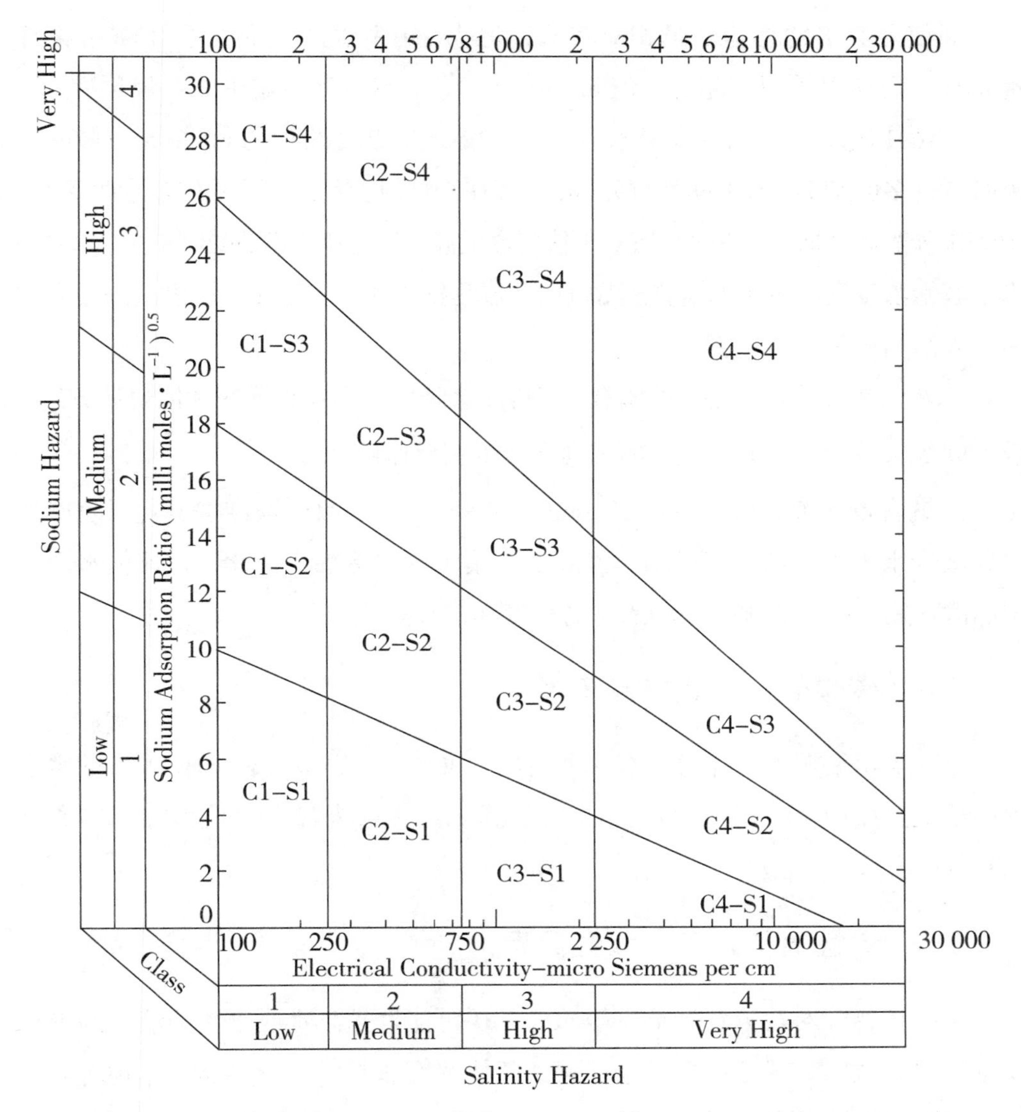

Sodium Hazard：钠危害；Class：等级；Low：低；Medium：中；High：高；Very High：非常高；Electrical Conductivity–micro Siemens per cm：电导率 – 微西门子每厘米；Sodium Adsorption Ratio：钠吸附比（注：引自 USSL，1954；Shahid and Mahmoudi，2014）

图 5–1 灌溉水的盐度分级

2.3 钠危害

灌溉水的钠危害表示为“钠吸附比（*SAR*）”，对总盐度有直接影响，果树对钠危害敏感。钠危害主要对土壤物理性质有影响，使土壤结构退化，因此，建议避免使用 *SAR* 值大于 10（$mmol \cdot L^{-1}$）$^{0.5}$ 的灌溉水。

即使灌溉水的总盐含量相对较低，但仍存在钠危害。例如，土壤中含有大量石膏，则 *SAR* 值可以超过 10（$mmol \cdot L^{-1}$）$^{0.5}$，应测定土壤中的石膏含量。

持续使用高 *SAR* 值的灌溉水会导致土壤物理结构破坏，这是由于土壤胶体上吸附了过多的钠离子，土壤黏粒分散，土壤在干燥时变硬，在潮湿时渗透性变差（由于颗粒分散和膨胀）。质地细密（即黏粒含量高）的土壤，容易受到钠危害的影响。当土壤钠浓度远超过钙、镁离子浓度时，成为钠质土。土壤钙、镁离子浓度大时，易于入渗和耕种。

SAR 允许值是表示盐度的函数。高盐度会降低土壤颗粒膨胀和团聚体分解（分散）度，水易渗透，高浓度钠离子则会产生相反作用。

与钠含量无关，$EC<200\ \mu S \cdot cm^{-1}$ 的灌溉水会导致土壤结构退化，表层盐结皮并减少水渗透。低盐度雨水，能降低土壤水的渗透率。因此，在评估水质对土壤的潜在影响时，必须考虑渗入水的盐度和钠吸附比。

2.4　碳酸盐和碳酸氢盐浓度

当土壤溶液蒸发浓缩时，富含碳酸盐（CO_3^{2-}）、碳酸氢盐（HCO_3^-）的水会导致碳酸钙（$CaCO_3$）和碳酸镁（$MgCO_3$）沉淀，这意味着 *SAR* 值增加，钠离子的相对浓度变大。

2.5　专性离子效应（毒性元素）

某些作物除对盐分和钠危害敏感外，还可能对灌溉水或土壤溶液中的中高浓度特定离子敏感。甚至许多微量元素，即使浓度非常低，也可能对作物有毒。土壤和水测试有助于发现可能有毒的成分。灌溉水中的特定化学元素可能对作物具有直接毒性，硼、氯和钠对作物具有潜在毒性。灌溉水中会引起中毒症状元素的实际浓度因作物品种而异。

当一种元素通过灌溉水在土壤中积聚时，可能会被化学反应钝化，直至达到毒性水平。灌溉水中某一特定浓度的元素可能会立即对作物产生毒性，或者在土壤中积聚，几年后才产生毒性。

2.5.1　钠中毒

作物钠中毒表现为叶片烧伤、烧焦或外缘组织坏死。相比之下，氯中毒通常出现在叶尖灼伤。对于树木，叶片中钠离子浓度超过 0.25%~0.50% 可能产生毒性。通过土壤、水和作物组织分析，可以做出是否钠中毒的正确诊断。

3 种水平的 *ESP*（Earson，1960；FAO-UNESCO，1973；PAbrol，1982）对应 3 种作物耐受水平：敏感（*ESP*<15）、半耐受（*ESP* 15~40）和耐受（*ESP*>40）。敏感作物包括玉米、豌豆、橙子、桃子、绿豆、土豆、扁豆和豇豆，半耐受作物包括胡萝卜、三叶草、莴苣、柏树、燕麦、洋葱、萝卜、黑麦、高粱、菠菜、番茄，耐受作物包括苜蓿、大麦、甜菜、Rhoades 草和 Karnal（Kallar）草。

2.5.2 硼中毒

硼离子是所有作物正常生长所必需的，但需求量很低，如果硼离子超过了作物的特定耐受水平，则可能会造成伤害。对于许多作物，硼缺乏和耐受的水平范围很窄。为了维持作物充足的硼供应，灌溉水中硼离子浓度至少为 0.02×10^{-6}；为了避免毒性，灌溉水中硼离子浓度应低于 0.3×10^{-6}。灌溉水硼离子浓度较高时，首先需要评估作物的硼耐受性。尽管硼毒性在大多数地区不是一个问题，但它可能是一个重要的灌溉水质参数。有趣的是，生长在石灰含量高土壤中的作物对硼的耐受性更强。

硼离子被土壤颗粒弱吸附，因此，实际作物根区硼离子浓度，可能与灌溉水中硼离子在作物中的富集程度不成正比。作物受到硼损害症状包括叶片"灼烧"、失绿症和坏死，尽管一些对硼敏感作物没有出现明显症状。硼中毒症状首先出现在较老的叶片上，表现为叶尖和叶缘变黄、斑点或坏死。随着硼中毒加重，变干和失绿症通常会向叶脉中心发展（Ayers and Westcot，1985）。

硼离子浓度 $>1.0\times10^{-6}$ 的灌溉水可能会对硼敏感作物造成毒性。表 5-2 为灌溉水中硼离子浓度对作物的影响（Bauder *et al.*，2011）。作物对硼的耐受性如表 5-3 所示。

表 5-2　灌溉水中硼离子浓度对作物的影响

硼离子浓度（$\times10^{-6}$）	对作物的影响
<0.5	适合所有作物
0.5~1.0	适合大多数作物
1.0~2.0	适合半耐受作物

（续表）

硼离子浓度（$\times 10^{-6}$）	对作物的影响
2.0~4.0	仅适合耐受作物

注：引自 Follett and Soltanpour，2002；Bauder *et al.*，2011。

表 5-3　作物对灌溉水中硼离子浓度的相对耐受性[a]

非常敏感 <0.5 × 10^{-6}	敏感（0.5~0.75）× 10^{-6}	不太敏感（0.75~1.0）× 10^{-6}	中度敏感（1.0~2.0）× 10^{-6}	中度耐受（2.0~4.0）× 10^{-6}	耐受（4.0~6.0）× 10^{-6}	非常耐受 >6.0 × 10^{-6}
柠檬	牛油果	大蒜	红辣椒	生菜	番茄	棉花
黑莓	西柚	甘薯	豌豆	卷心菜	西芹	芦笋
	柑橘	向日葵	胡萝卜	芹菜	红甜菜	
	杏	豆子	小萝卜	萝卜		
	桃	芝麻	马铃薯	燕麦		
	樱桃	草莓	黄瓜	玉米		
	李树	四季豆		三叶草		
	葡萄	花生		南瓜		
	胡桃			香瓜		
	洋葱					

a. 土壤水或饱和浸提液中的最大硼离子容许浓度，而不降低产量或影响生长。作物对硼的耐受性，因气候、土壤条件和品种而异。

注：引自 Ayers and Westcot，1985；Ludwick *et al.*，1990。

灌溉水的硼离子浓度可能对作物产量产生一系列影响。Wilcox（1960）提出了耐受作物（2×10^{-6}~4×10^{-6}）、半耐受作物（1×10^{-6}~2×10^{-6}）和敏感性作物（0.3×10^{-6}~1×10^{-6}）。果树对硼最敏感，即使土壤中硼离子浓度低于 0.5×10^{-6}，也会降低柑橘和核果的产量。

2.5.3　氯化物毒性

氯化物是作物生长所必需的，但高浓度会抑制作物生长，对某些作物品种具有高度毒性。因此，在评估水质时，必须分析水的氯离子浓度。表 5-4 为灌溉水氯离子浓度及其对作物的影响。当氯离子浓度在叶片中达到干重的 0.3%~1.0% 时，作物就会表现出症状。Ayers 和 Westcot（1985）报道，氯化物对作物的毒性首先表现在叶尖（氯中毒的常见症状），随着氯中毒程度加重，坏死从叶尖向叶边缘发展，直至叶片坏死脱落，甚至整株落叶。

表 5-4　　　　灌溉水中氯离子浓度及其对作物的影响

氯离子浓度		对作物的影响
$mEq \cdot L^{-1}$	$\times 10^{-6}$	
<2	<70	一般对所有作物都安全
2~4	70~140	敏感作物通常表现轻微到中度的损害
4~10	141~350	中度耐受性的作物通常表现轻微到实质性的损害
>10	>350	可能导致严重问题

注：引自 Ludwick *et al.*，1990；Bauder *et al.*，2011。

3　灌溉水分级

Shahid 和 Mahmoudi（2014）基于 *EC* 和 *SAR*，修改了广泛使用的 USSL（1954）灌溉水的盐度和钠化度分类图（见图 5-1）。

y 轴上显示的 *SAR*，可以用以下方程式计算：

$$SAR = \frac{Na^{+}}{\sqrt{\frac{1}{2}(Ca^{2+} + Mg^{2+})}}$$

式中，Na^{+}、Ca^{2+} 和 Mg^{2+} 浓度单位为 $mEq \cdot L^{-1}$；*x* 轴电导率值单位为 $\mu S \cdot cm^{-1}$。*SAR* 和 *EC* 点的位置决定了水质等级（数据在图 5-1 上的位置）。

4 灌溉水分析

4.1 化学分析

通过分析灌溉水和排水中主要阴离子和阳离子浓度，评估盐度和钠化度。主要阳离子包括 Na^+、K^+、Ca^{2+} 和 Mg^{2+}，主要阴离子包括 CO_3^{2-}、HCO_3^-、Cl^- 和 SO_4^{2-}。高质量水，阳离子的总和（$mEq \cdot L^{-1}$）≈阴离子的总和（$mEq \cdot L^{-1}$）。如果几个水样的值完全相等，则某些成分要通过“差值”法估算。例如，硫酸盐浓度通过差值来估算，由于目前尚无一种快速方便的分析方法来测定硫酸盐（Bresler *et al.*，1982）。即 SO_4^{2-} 浓度估算基于总可溶性阳离子与 CO_3^{2-}、HCO_3^- 和 Cl^- 总和的差值。事实上，硫酸盐不是用于测定 *SAR* 或 *RSC* 的成分，因此，估算硫酸盐浓度并不能用来评估水质。

利用灌溉水中主要阴离子和阳离子浓度，可以计算 *SAR*，以评估钠化度。例如，利用图 5–1 中的数据，可获得水的钠化度（S）等级和 *EC* 等级，还可以测定残余碳酸钠（*RSC*）。

4.1.1 总溶解盐浓度（*EC*）

总溶解盐浓度是最重要的水质参数，不同于“溶解性总固体（*TDS*）”。测量 *TDS* 比测量 *EC* 要繁琐得多，*EC* 是首选的盐度测量方法（Bresler *et al.*，1982），仅用一仪表就能测量灌溉水和排水的 *EC*。*EC* 值在 0.1~ 10 $mS \cdot cm^{-1}$ 或 0.1~10 $dS \cdot m^{-1}$ 的水（Bresler *et al.*，1982），可以使用以下关系式获得总溶解盐浓度：

阳离子或阴离子浓度总和（$mEq \cdot L^{-1}$）$= 10 \times EC$（$mS \cdot cm^{-1}$ 或 $dS \cdot m^{-1}$）

因此，知道了总阳离子或阴离子浓度，阳离子和阴离子浓度之和就表示溶液中所含的总溶解盐浓度。

4.1.2 交换性钠吸附比（*SAR*）

盐溶液在土壤中产生过量交换性钠的趋势，可用于预测 *SAR*。

$SAR<8$（$mmol \cdot L^{-1}$）$^{0.5}$ 为“低钠”等级，灌溉水被认为是安全的，不会引

起钠中毒。即当排水和淋洗受到限制时，长期使用 SAR 为 8(mmol·L^{-1})$^{0.5}$ 的灌溉水，可能会导致土壤钠质化。SAR 的有害影响也取决于 EC 值，在巴基斯坦，SAR=10（mmol · L^{-1}）$^{0.5}$ 被视为安全的（Kinje，1993）。

调整后的 SAR（SAR_{adj}）

SAR_{adj} 的意义在于，在田间正常灌溉管理条件下，表土中的交换性钠百分率（ESP）值几乎等于调整后的 SAR。Ayers 和 Westcot（1985）将 SAR_{adj} 表示为：

$$SAR_{adj}=SAR_{IW}[1+(8.4-pH_c)]$$

式中，SAR_{IW} 是灌溉水交换性钠吸附比；pH_c 是指灌溉水的 Langelier 指数（又称饱和指数，是水样中实测的 pH 或去饱和 pH 后的值）使用的 pH，是水中的 $CaCO_3$ 饱和时的理论 pH，可以预测石灰性土壤中的 $CaCO_3$ 是沉淀，还是溶解（Balba，1995）。

4.1.3 残余碳酸钠（RSC）

RSC 可用于预测与 $CaCO_3$ 和 $MgCO_3$ 沉淀相关的额外钠危害（Eaton，1950）。

$$RSC=(CO_3^{2-}+HCO_3^-)-(Ca^{2+}+Mg^{2+})$$

式中，所有阴阳离子浓度单位为 mEq · L^{-1}。表 5–5 为 RSC 与灌溉水的适用性。

表 5–5 **RSC 与灌溉水的适宜性**

RSC（mEq · L^{-1}）	灌溉水的适宜性
<1.25	安全
1.25~2.50	边际
>2.50	不适用

注：引自 Eaton，1950；Wilcox *et al.*，1954。

5 电导率分级

如表 5–6 所示，灌溉水有低、中、高和极高 4 个盐度分级。

表 5–6　　灌溉水的盐度等级

灌溉水盐度 EC（μS·cm^{-1}）	盐度等级	盐度危害
100~250	C1	低
250~750	C2	中
750~2 250	C3	高
>2 250	C4	超高

注：引自 USSL，1954。

5.1　低盐度水（盐度分级 C1）

低盐度水可用于灌溉大多数土壤的大多数作物，几乎不可能累积盐分。盐度等级为 C1 的水在正常灌溉中会发生淋洗，渗透性极低的土壤除外。

5.2　中等盐度水（盐度分级 C2）

中等盐度水可进行适度淋洗。在大多数情况下，具有中等耐盐性的作物可以在没有特殊盐度控制的情况下生长。

5.3　高盐度水（盐度分级 C3）

高盐度水不能用于排水不畅的土壤，因此，淋洗能力较差。即使有足够的排水，也可能需要对盐度控制，并选择耐盐性好的作物品种。

5.4　超高盐度水（盐度分级 C4）

一般超高盐度水不适合灌溉，在非常特殊情况下也可以偶尔使用。例如，土壤必须具有良好的渗透性与排水性，灌溉水必须过量，以达到淋洗效果，同时只能选择耐盐性很强的作物。

6　钠化度分级

根据 *SAR* 对灌溉水进行分类，主要基于交换性钠积累对土壤物理条件的影响。值得注意的是，即使土壤水中的交换性钠值过低，不会导致土壤物理条件恶化，但由于作物组织中的钠积累，对钠敏感的作物仍可能受到伤害。

6.1　低钠度水（钠化度分级 S1）

低钠水可以用于几乎所有土壤的灌溉，且土壤中交换性钠危害性很小。然而，对钠敏感的作物（如核果类果树和鳄梨），可能会因钠积累而受到影响。

6.2　中钠度水（钠化度分级 S2）

除非土壤中存在石膏，否则，在具有高阳离子交换量的细粒结构土壤中，尤其是在低淋洗条件下，会产生明显的钠危害。中钠度水可用于灌溉粗质地或渗透性良好的有机土壤。

6.3　高钠度水（钠化度分级 S3）

高钠度水对于大多数土壤，可产生交换性钠危害。使用高钠度水灌溉，需要特殊的土壤管理方法、良好的排水、高淋洗能力和高有机质条件，或者使用化学改良剂，以促进可交换性钠置换。也就是说，对于高钠度水，使用化学改良剂可能不可行。

6.4　超高钠度水（钠化度分级 S4）

除了对于低盐度和中等盐度土壤，一般超高钠度水不适合灌溉。如果土壤水溶液富含钙，或使用石膏等土壤改良剂，则可以使用超高钠度水灌溉。灌溉水钠化度等级及其危害如表 5–7 所示。

表 5–7　　灌溉水钠化度等级及其危害

灌溉水的 SAR（$mmol \cdot L^{-1}$）$^{0.5}$	钠化度等级	危害
<10	S1	低
10~18	S2	中
18~26	S3	高
>26	S4	超高

注：引自 USSL，1954。

有时灌溉水能从石灰性土壤中溶解足够的钙，从而显著降低钠危害，在使用C1–S3和C1–S4的灌溉水时应予以考虑。对于pH较高的石灰性土壤或非石灰性土壤，在C1–S3、C1–S4与C2–S4灌溉水中可以通过添加石膏来改善，或通过定期在土壤中施用石膏来应对钠危害。当使用C2–S3和C3–S2灌溉水时，在土壤中定期加入石膏也可获益。

7 改善灌溉水质

7.1 混合水

用优质水可改善咸水/微咸水的质量。所需水的盐度水平，取决于要灌溉的作物，可通过标准计算公式得出。

示例 混合水由50%淡水（EC为0.25 dS · m^{-1}）和50%微咸水（EC为3.9 dS · m^{-1}）混合而成。混合水的最终EC为：

$$EC（混合水）=（淡水 EC \times 混合比）+（咸水 EC \times 混合比）$$

$$=（0.25 \times 0.50）+（3.90 \times 0.50）=0.125+1.95=2.075 \text{ dS} \cdot \text{m}^{-1}$$

7.2 将水混合以达到所需盐度

根据阈值盐度，可以通过混合两种已知盐度的水，从而达到所需盐度来灌溉特定作物。在这种情况下，有必要了解两种水的盐度。

示例 混合水由淡水（ES = 0.25 dS · m^{-1}）和微咸水（EC = 20 dS · m^{-1}） 组成。因此，我们需要知道“这两种水以何种比例混合”，以达到预期的混合水盐度为8 dS · m^{-1}。

假设我们需要2 L EC为8 dS · m^{-1}的混合水。

可以使用一个标准的公式：$C_1V_1=C_2V_2$

式中，C_1=20 dS · m^{-1}；V_1= 微咸水的用量，未知；C_2 =7.75 dS · m^{-1}（8–0.25=7.75）或所需水盐度；V_2=2 L或2 000 mL所需的最终体积。

$$C_1V_1=C_2V_2$$

$$20 \times V_1 = 7.75 \times 2\ 000\ \text{mL}$$

$$V_1 = (7.75 \times 2\ 000\ \text{mL})/20 = 775\ \text{mL}$$

因此，需要 775 mL 微咸水，才能将淡水 *EC* 从 0.25 dS · m^{-1} 提高到 8 dS · m^{-1}，即咸水与淡水混合比例为 1 ： 2.58。

8 降低灌溉水钠化度

与其他改良剂相比，石膏便宜且易于处理，是目前降低灌溉水钠化度（Na^+ 与 $Ca^{2+}+Mg^{2+}$ 的比率）的最合适改良剂。添加到灌溉水中所需的石膏量，取决于水质（*RSC* 和 *SAR* 水平）和作物生长季节灌溉所需水量。

8.1 利用残余碳酸钠（*RSC*）概念计算石膏需求量

示例 1 灌溉水的 *RSC* 为 8.5 mEq · L^{-1}，需要降低至 2.5 mEq · L^{-1}。高粱整个生长期所需灌溉水量为每公顷 800 mm，则灌溉 1 hm^2 高粱水中需要添加多少吨石膏，才能使 *RSC* 为 2.5 mEq · L^{-1}？

· 1 L Na^+ 当量需要 1 L Ca^{2+} 当量，相当于每升溶液需要 86.06 g 石膏。

· 因此，1 mEq · L^{-1} 的 Na^+ 需要 1 mEq · L^{-1} 的 Ca^{2+}，相当于每升水需要 0.086 06 g 石膏。

· 因此，6 mEq · L^{-1} 的 Na^+ 需要 6 mEq · L^{-1} 的 Ca^{2+}，相当于每升水需要添加 0.516 36 g 石膏。

· 灌溉 1 hm^2 高粱所需总水量 =800 mm × 10 m^3=8 000 m^3（每公顷 1 mm 的水 =10 m^3）。

· 总石膏需求量 =800 万 L × 0.516 36 g=4.13 t（100% 纯石膏）。

· 如果石膏纯度为 70%，则需要添加 5.90 t 石膏中和 100 万 L 灌溉水 6 mEq · L^{-1} 的 Na^+。

若要降低灌溉水的 *RSC*，最佳方式是将石膏添加于水渠中，使流动的灌溉水溶解石膏，降低灌溉水进入农田前的 Na^+ 与 $Ca^{2+}+Mg^{2+}$ 比率。

示例 2 一位农民在使用 *EC* 为 3 dS · m^{-1} 的咸水灌溉高粱时，决定添加石膏，应对灌溉水导致农田土壤钠质化的问题。实验室分析表明，他需要在灌溉水中增加 5 mEq·L^{-1} 的 Ca^{2+}。在整个高粱生育期需水量为 800 mm，则灌溉 1 hm^2 高粱需要添加多少吨石膏？

· 水的 *EC*=3 dS·m^{-1}。

· 种植面积 =1 hm^2。

· 石膏纯度 =70%。

总需水量 =800 mm × 10 m^3=8 000 m^3=800 万 L（每公顷 1 mm 的水 =10 m^3）。

· 1 mEq·L^{-1} 的 Na^+ 需要 1 mEq·L^{-1} 的 Ca^{2+}，相当于每升溶液需要 0.086 06 g 石膏。

· 5 mEq·L^{-1} 的 Na^+ 需要 5 mEq·L^{-1} 的 Ca^{2+}，相当于每升溶液需要 0.430 3 g 石膏。

· 灌溉 1 hm^2 高粱所需总水量 =800 mm 或 8 000 m^3。

· 8 000 m^3 水 =800 万 L 水。

· 总石膏需求量 =8 00 万 L × 0.430 3 g=3.44 t（100% 纯石膏）

· 如果石膏纯度为 70%，则需要 4.91 t 石膏中和 800 万 L 水 5 mEq·L^{-1} 的 Na^+。

因此，整个高粱生长季的灌溉用水需要 4.91 t 石膏。

8.2 确定灌溉混合水的 *SAR*

示例 1 井水成分如表 5–8 所示，该井水与脱盐水以 1 ∶ 3 混合，混合水的 *SAR* 是多少？假设脱盐水的 *EC* 和 Na^+、Ca^{2+}、Mg^{2+} 浓度可忽略不计。

表 5–8　井水的化学分析

水	*EC* dS·m^{-1}	阴阳离子浓度（mEq·L^{-1}）								*SAR* （mmol·L^{-1}）$^{0.5}$
		Na^+	K^+	Ca^{2+}	Mg^{2+}	CO_3^{2-}	HCO_3^-	Cl^-	SO_4^{2-}	
井水	4	25	2	7	6	0	0	20	20	9.81
脱盐水	1	6.25	0.5	1.75	1.5	0	0	5	5	4.90

井水：脱盐水以 1 ∶ 3 混合后，混合水的 *SAR* 降低到原来的 1/2，但 *EC* 却降低到井水的 1/4。

示例 2 渠道水（1 dS·m^{-1}）可用于灌溉作物，但水量不足，农民已决定将井水（5 dS·m^{-1}）与渠道水（1 dS·m^{-1}）以 1 ∶ 4 混合，*SAR* 是多少？表 5–9 是对渠道水、井水与混合水的化学分析。

表 5-9　　对渠道水、井水与混合水的化学分析

水	EC（$dS \cdot m^{-1}$）	阴阳离子浓度（$mEq \cdot L^{-1}$）								SAR（$mmol \cdot L^{-1}$）$^{0.5}$
		Na^+	K^+	Ca^{2+}	Mg^{2+}	CO_3^{2-}	HCO_3^-	Cl^-	SO_4^{2-}	
渠道水	1.0	6.25	0.5	1.75	1.5	0	0	5.0	5.0	4.903
井水	5.0	32.0	2.5	9.0	8.0	0	0	25.0	25.0	10.98
混合水	1.8	11.4	0.9	3.2	2.8	0	0	9.0	9.0	6.58

混合水的化学分析：

$EC=(1.0\times0.8)+(5.0\times0.20)=0.8+1.0=1.8\ dS \cdot m^{-1}$

$Ca^{2+}=(1.75\times0.8)+(9.0\times0.2)=1.4+1.8=3.2\ mEq \cdot L^{-1}$

$Mg^{2+}=(1.5\times0.8)+(8\times0.2)=1.2+1.6=2.8\ mEq \cdot L^{-1}$

$Na^{+}=(6.25\times0.8)+(32.0\times0.2)=5.0+6.4=11.4\ mEq \cdot L^{-1}$

$K^{+}=(0.5\times0.80)+(2.5\times0.20)=0.4+0.5=0.9\ mEq \cdot L^{-1}$

$Cl^{-}=(5.0\times0.80)+(25.0\times0.2)=4.0+5.0=9\ mEq \cdot L^{-1}$

$SO_4^{2-}=(5.0\times0.80)+(25.0\times0.2)=4.0+5.0=9\ mEq \cdot L^{-1}$

$SAR=Na^{+}/[(Ca^{2+}+Mg^{2+})/2]^{0.5}=11.4/[(3.2+2.8)/2]^{0.5}=6.58\ (mmol \cdot L^{-1})^{0.5}$

因此，渠道水与井水应该有目的混合。如果目的是降低 *SAR*，但渠道没有足够的淡水灌溉作物，那么混合是可取的。如果渠道中有足够的水，那么简单地用渠道水代替井水进行灌溉，则是不错选择。此外，还必须考虑高 *SAR* 水造成的渗透和如何添加石膏等问题。

9　循环用水

如果也有淡水，但不足以满足作物的全部水需求，则始终需要寻找替代水源（如地下水，通常是含盐水或含盐的钠质水）。当幼苗不能耐受高盐度时，建议在作物早期使用淡水。一旦幼苗生长良好，则使用咸水一段时间后，再用淡水淋洗盐分；使用咸水后，再使用淡水（循环使用）灌溉。这样既可以使用淡水，又可以使用咸水。

参考文献

ABROL I P. Technology of chemical, physical and biological amelioration of deteriorated soils [M]. Cairo: Panel of experts meeting on amelioration and development of deteriorated soils in Egypt, 1982, 1–6.

AYERS R S, WESTCOT D W. Water quality for agriculture. FAO irrigation and drainage paper 29 rev 1 [M]. Rome, Italy: Food and agriculture organization of the United Nations, 1985, 174.

BALBA A M. Management of problem soils in arid ecosystems [M]. Boca Raton: CRC/Lewis Publishers, 1995, 250.

BAUDER T A, WASKOM R M, SUTHERLAND P L. *et al.* Irrigation water quality criteria [M]. Fact sheet: Colorado State University Extension Publication, Crop series/irrigation.2011, 506, 4.

BRESLER E, MCNEAL B L, CARTER D L, *et al.* Saline and sodic soils. Principles-dynamics-modeling. Advanced Series in Agricultural Sciences 10 [M]. Berlin/Heidelberg/New York: Springer-Verlag, 1982, 236.

EATON F M. Significance of carbonates in irrigation waters [J]. Soil Sci, 1950, 69: 123–133.

FAO-UNESCO. Irrigation, drainage and salinity. An International source book. Unesco/FAO [M]. London: Hutchinson & Co (Publishers) Ltd, 1973, 510.

FOLLETT R H, SOLTANPOUR P N. Irrigation water quality criteria [M]. Colorado: Colorado State University Publication, 2002, 506.

KINJE J W. Environmentally sound water management: Irrigation and the environment. In: Proceedings of the International Symposium on Environmental Assessment and Management of Irrigation and Drainage Projects for Sustained Agricultural Growth [M]. Lahore, Pakistan, 1993, 14–44.

LUDWICK A E, CAMPBELL K B, *et al.* Water and plant growth. In: Western Fertilizer Handbook-horticulture Edition [M]. Illinois: Interstate Publishers Inc, 1990: 15–43.

MAAS E V. Salt tolerance of plants. In: Christie BR (ed) Handbook of plant science in agriculture [M]. Boca Raton: CRC Press, 1987, 57–75.

PEARSON G A. Tolerance of crops to exchangeable sodium [M]. USDA Information Bulletin No, 1960, 216: 4.

SHAHID S A. Irrigation water quality manual [M]. ERWDA Soils Bulletin, 2004, 29 pp.

SHAHID S A，Mahmoudi H. National strategy to improve plant and animal production in the United Arab Emirates ［J］. Soil and water resources Annexes，2014.

USSL. Diagnosis and improvement of saline and alkali soils. In：USDA Handbook 60［M］. USA：Washington D C，1954，160.

WILCOX L V. Boron injury to plants. In：USDA Bulletin No 211［M］. 1960，7.

WILCOX L V，BLAIR G Y，ARDALAN M M. *et al.* Effect of bicarbonate on suitability of water for irrigation ［J］. Soil Sci，1954，77：259-266.

第6章

核技术和同位素技术

盐碱农业的主要限制因素是作物需要的养分和水分，都受到土壤溶液中过量盐分的不利影响。在作物必需养分中，氮对作物生长和产量起着关键作用。核技术和同位素技术（也称为基于核素技术）是对非核常规技术的补充，而非替代。与传统技术相比，核技术确实具有一些优势，提供了关于土壤—植物—水—大气系统中土壤养分库和水分库及通量的独特、精确、定量数据。同位素技术为评估土壤水分和养分管理提供了有用信息，可据此管理特定的农业生态系统土壤盐度。例如，^{15}N 稳定同位素技术可用于测量土壤—植物—水和大气系统中各种氮的转化速率，包括氮矿化固持、硝化作用、生物固氮、氮利用效率，以及土壤中 N_2O（一种温室气体和臭氧消耗气体）的微生物来源。^{18}O、^{2}H 和其他同位素可用于农业水资源管理，包括识别水源，了解受不同灌溉技术、种植制度和耕作措施影响下农业景观内的水分运动及其路径；同位素技术还有助于理解植物水分利用与量化作物蒸腾和土壤蒸发，进而据此制定策略以提高作物产量，减少非生产性水分损失，以及防止土地和水资源退化。

1 引言

在影响全球作物生产力的众多非生物和生物胁迫中，土壤水分胁迫（干旱）在干旱和半干旱地区最常见（Saranga *et al.*，2001），其次是盐分胁迫（Pessarakli，

1991）。发展可持续农业需要运用土壤、养分和水综合管理策略，以提高作物生产力，同时减少非生物和生物胁迫。为了实现真正的可持续农业，终端用户需要开发和采用气候智能型农业方式。这些气候智能型农业包括管理策略和具体技术，可以提高作物生产力、环境可持续性，以及科学利用和保护农业生态系统。

联合国粮农组织（FAO）/ 国际原子能机构（IAEA）粮农核技术联合司开发了核技术和同位素技术，以提高养分和水利用效率。通过储存大气中的氮（N_2）和盐渍化土壤中的碳（C），来提高生物固氮效率。

2 同位素的背景信息

原子核中的质子数加中子数称为原子量，而质子数（或电子数）称为原子序数。同位素是指原子序数相同，但原子量不同的原子。例如，氮（N）有 ^{14}N 和 ^{15}N 两个同位素，^{15}N 质子数（7）与 ^{14}N 相同，但有一个额外的中子，这使它（^{15}N）具有不同的原子量（7+8=15）。

同位素可能以稳定和不稳定（放射性）形式存在，这取决于原子核的稳定性。例如，硫（S）由 5 种同位素组成（^{32}S、^{33}S、^{34}S、^{35}S 和 ^{36}S），其中 ^{35}S 是放射性 β 发射体，而 ^{32}S、^{33}S、^{34}S 和 ^{36}S 是稳定的。因此，放射性同位素是具有不稳定核的原子，它会自发进行辐射（α 或 β 粒子和 / 或 γ 电磁射线）。之所以原子核不稳定，是因为中子与质子之比超出了稳定带（由于质子或中子过量，超出了特定数量），而稳定带随每个原子而变化。相比之下，稳定同位素是具有稳定核的原子（即原子核中，中子与质子之比在稳定带内），它不会自发进行任何辐射（Nguyen *et al.*, 2011）。稳定同位素以轻和重形式存在，重同位素的原子量高于轻同位素（表 6–1）。

稳定同位素的数量由元素分析仪与同位素比质谱仪（IRMS）耦合测量。因此，可以将土壤或生物材料的样品燃烧成气体，送入质谱仪，再测定所关注稳定同位素的比率（例如，$^{13}C/^{12}C$、$^{2}H/^{1}H$、$^{15}N/^{14}N$、$^{18}O/^{16}O$、$^{33}S/^{32}S$）。

放射性同位素通过其“衰变”速率进行测量，例如，利用液体闪烁计数器测定发射放射性同位素的 β 粒子，γ 能谱仪用于测定 γ 射线，α 能谱仪测定 α 粒子。放射性衰变的国际单位（SI）是贝克（Bq），为每秒衰变一次（dps）。

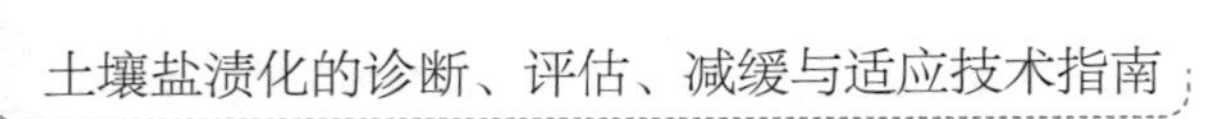

常用的旧单位为居里（ci），1 ci 相当于 3.7×10^{10} dps 或 3.7×10^{10} Bq（Nguyen *et al.*，2011）。

表 6-1　农业生态系统中主要元素稳定同位素的平均丰度（括号中为丰度百分比）

元素	重同位素	轻同位素
碳	^{13}C（1.108%）	^{12}C（98.892%）
氢	^{2}H（0.0156%）	^{1}H（99.984%）
氮	^{15}N（0.366%）	^{14}N（99.634%）
氧	^{18}O（0.204%）	^{16}O（99.759%）
	^{17}O（0.037%）	
硫	^{33}S（0.76%）	^{32}S（95.02%）
	^{34}S（4.22%）	
	^{36}S（0.02%）	

3　核技术和同位素技术在生物盐碱农业中的应用

几种核技术和同位素技术已应用于土壤水管理研究。土壤水分中子探针是测量田间尺度根区土壤水分的理想工具，可提供准确的水可用性数据，用于确定作物水利用效率，以及不同种植制度（尤其是在盐渍化条件下）建立最佳灌溉制度。

有关各种核技术和同位素技术在农业生态系统土壤、水和植物养分研究中的原理及应用的详细信息，请参阅《原子能机构培训手册》（IAEA，1990，2001）和 Nguyen 等（2011）。

4 通过 ^{15}N 研究肥料利用效率

盐碱农业的主要限制因素是作物可利用的必需养分和水分，土壤溶液中过量盐分对其产生了不利影响。在作物必需养分中，氮对植物生长和生产力起着关键作用。为了从土壤溶液中吸收氮，作物要与一系列脱氮过程（损失）进行竞争，包括固持和淋洗，以及氮以氨（NH_3）、氧化亚氮（N_2O）、一氧化氮（NO）和分子氮（N_2）的形式向大气中排放。由于这些氮损失，作物的氮利用率（施 1 kg 氮产生的干物质）或氮有效利用率始终低于施氮量的 50%（Zaman *et al.*，2013a，2013b，2014）。从土壤中去除氮或使作物无法利用氮，具有经济和环境方面的重要意义。

在盐渍化条件下，土壤溶液中存在过量盐分（尤其是 Na^+），加上土壤 pH 较高，可能会进一步增加作物吸收氮和土壤氮损失的竞争，进一步降低作物生产力。量化氮素利用效率和氮素损失来源，使研究人员能开发促进氮素吸收和减少氮素损失的“技术包”，从而在土壤盐渍化条件下实现作物的可持续生产。

4.1 设置试验田间区块

为了高精度地确定小麦的氮肥利用率（Nitrogen use efficiency，NUE），研究人员应在肥力和坡度均匀、相对平坦的土地上进行田间试验，以尽量减少土壤养分水平的变化，特别是通过地表径流造成的氮和养分损失（图 6–1）。试验设置 4 种比例施用氮肥：零或对照（T_1）、低（T_2）、中（T_3）和高（T_4），各有 4 个重复小区（每个试验小区面积为 7 m × 7 m），如图 6–2 所示。

在试验场地的 4 个方向各有一个 2 m 宽缓冲区，每个重复地块之间也有一条 2 m 宽缓冲区，这对于防止灌溉或降雨后形成地表径流，以及土壤中氮的横向移动，对相邻地块造成氮污染尤为重要。根据可用土地面积、试验设计、农场资源（机械）和最重要的可用预算，设置单个（重复）小区的面积。通常每个重复小区的面积较大（7 m × 7 m），可最大限度地减少边缘效应（从施肥区到未施肥区的养分损失）对最终作物产量的影响。4 个重复小区都放在 4 个不同的处理区组内。

· 首先，收集 4 个 0~15 cm 深的混合土壤样本（每个混合土壤样本由每个

图 6-1　在平坦土地上进行的小麦试验

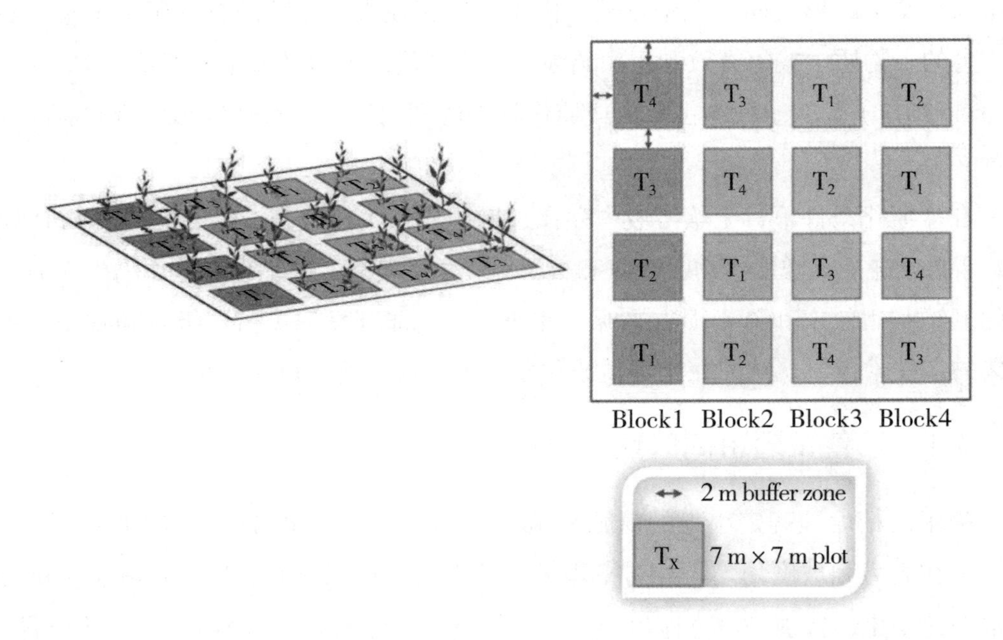

Block：区组；2 m buffer zone：2 m 缓冲区；plot：小区

图 6-2　试验布局

试验区组的 10 个土芯组成），以分析关键土壤性质，包括土壤 pH，EC_e，Na^+、Ca^{2+}、Mg^{2+}、K^+ 等的浓度，以及总氮、总碳和速效磷（Olsen P）等养分指标。

· 然后施用任意土壤改良剂，如石膏和其他不含氮（建议使用磷和钾）和动物粪便的化肥。

· 假设在小麦生长期 7 m × 7 m（49 m²）重复小区分两次施用粒状尿素（46% 氮），施氮量为每公顷 80 kg，尿素量计算如下：

$$施肥量(每公顷)=\frac{100\times所需营养元素(每公顷)}{肥料中营养元素浓度(\%)}$$

示例 第一次施用的尿素量（40 kg N・hm²）可计算为：

$$首次施用每公顷所需尿素=\frac{100\times 40}{46}=86.95\ kg \cdots\cdots 6.1$$

在施氮期间，49 m² 重复小区的一个 ^{15}N 标记尿素的副区（4 m²）不施用普通尿素，剩余 45 m²（49–4 m²）施用普通尿素。因此，以 40 kg N・hm^{-2} 的施用量，45 m² 的尿素量计算如下：

$$\frac{86.95\ kg}{10\ 000\ m^2}\times 45\ m^2=0.39\ kg \cdots\cdots 6.2$$

式中，1 hm²=1 万 m²。

设置 ^{15}N 标记肥料的副区

・分两次施用 ^{15}N 标记尿素，每次设置两个副区，每个副区为 2 m×2 m（4 m²），在 49 m² 重复小区内用 1 m 缓冲区（有助于减少相邻副区的 ^{15}N 污染）隔开（图 6–3）。在 4 m² 副区，研究人员对小麦植株进行 ^{15}N 分析（做好每个副区的标记，以避免错误施肥）。

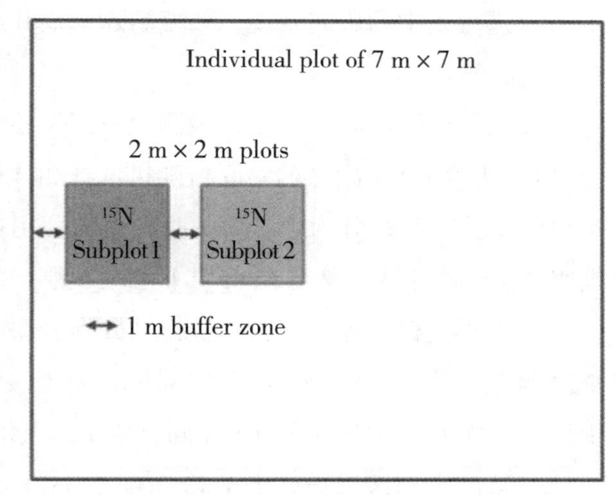

Individual plot：单个小区；Subplot：副区；1m buffer zone：1 m 缓冲区

图 6–3 主小区内两个副区的布局（每个小区有一个 1 m 的缓冲区，施用 ^{15}N 标记的肥料）

・为确保先前试验中不存在 ^{15}N 标记尿素的残留物，从两个副区中的每个小区收集 4 个土芯（0~10 cm 土壤深度），然后混合成一个样本，并分析 ^{15}N 含量，由此确定土壤中初始 ^{15}N 水平。

・使用公式 6.1 和公式 6.2 计算添加到每个副区 ^{15}N 标记肥料量（使用最多 5 个原子 %）。在每公顷施氮肥 40 kg 条件下，4 m² 副区的 ^{15}N 标记尿素量为 34.78 g。

・如果单次施用氮肥，氮原子 5% 百分超可以减至 3% 百分超（请参阅本节末尾的稀释程序）。

・在第一个副区周围放置塑料板，将 ^{15}N 标记肥料的第一个副区隔开。然后

将所需量（0.39 kg）的普通尿素均匀施用于较大主区（45 m^2），不包括第一个副区。

· 施用普通尿素后，取下第一个副区周围的塑料板，仔细称量 ^{15}N 标记尿素的准确量（由公式 6.2 计算出需 34.78 g），均匀施用到第一个副区。^{15}N 标记肥料是细颗粒，与相同直径的细沙或任何其他惰性材料混合，确保均匀施用。避免天气预报有大风或大雨时施用 ^{15}N 标记尿素。如果有条件灌溉，在施用氮肥后向试验小区灌溉至少 10~20 mm 水，将尿素从地表淋洗到土壤中，将氨挥发的风险降至最低。

· 当第二次施用 ^{15}N 标记尿素时，仅在 4 m^2 第二个副区周围放置一张塑料板（该副区以前只施用普通尿素），以确保普通尿素仅施用于主区，第二个副区除外。然后将 0.39 kg 普通尿素均匀施用于较大主区（45 m^2），但不包括第二个副区。

· 取下塑料板，将 34.78 g ^{15}N 标记尿素施用于第二个副区。

· 进行正常的田间管理，如喷洒除草剂和杀虫剂，并保持正常的灌溉量，直到小麦成熟。

· 从每个副区收获小麦，检测地下部（根）和地上部（茎、叶和籽粒）吸收 ^{15}N 量。从每个 ^{15}N 副区的中间行随机选择 3~4 株小麦，放入塑料袋。将小麦样本运送至实验室后，分为根、茎、叶和麦粒。用自来水轻轻清洗小麦组织，再用蒸馏水清洗，排干水，然后在 65℃下干燥 3 种类型的小麦组织样品 7 d，至恒重。

· 将小麦根、叶、茎和麦粒样品分别研磨成细粉（用于通过凯氏定氮法或燃烧法测定总氮），然后采用稳定同位素质谱法完成 ^{15}N 测定。在研磨单个植物组织样本过程中，务必使用刷子（同时使用鼓风机）清洁研磨机。

· 从两个副区采集 4 个土芯（0~15 cm 土壤深度），混合成一个样本，用于 ^{15}N 和总氮量分析。

麦秸与粮食产量

· 为了确定小麦产量，在每个主区选择 3 m × 3 m（或 7 m × 7 m）的区域。同时收获小麦，进行 ^{15}N 分析。然后分成芽和叶、麦粒，记录鲜容重（研究人员不得使用 ^{15}N 小区进行生物质生产）。

· 为了确定叶、茎和麦粒中的水分含量，从每个主区（7 m×7 m）3 m×3 m 面积内中随机选择 2~3 株小麦，放入塑料袋，再用橡皮筋密封，保证小麦植株水分不流失。在实验室将小麦植株分离成茎和麦粒，记录鲜容重。用自来水冲洗，清除泥土。然后取每株小麦茎和麦粒的子组织样品，在 65℃下干燥 7 d。

·记录 7 d 后小麦组织的干重，计算含水量。根据公式 6.3，计算每公顷小麦干物质产量（Dry matter，DM）。

$$\mathrm{DM(kg)} = \mathrm{FB\ Wt} \times \frac{10\,000}{\text{收获面积}} \times \frac{\mathrm{SD\ Wt}}{\mathrm{SF\ Wt}} \cdots\cdots 6.3$$

式中，FB Wt 为副区（3 m×3 m）收获小麦的鲜容重（$kg \cdot m^{-2}$）；SD Wt 和 SF Wt 分别是副区收获小麦的干重和鲜重（kg）。

4.2 氮利用率（NUE）计算

示例 计算小麦“氮利用率”。

每公顷 80 kg 氮肥量平均分成 2 次施用，计算小麦氮利用率。试验小区面积为 4 m^2，^{15}N 标记肥料的原子百分超正好为 5%。假设收获小麦产量为每公顷 2 667 kg，根据凯氏分析得出的籽粒氮含量为 3.0%，通过公式 6.4，可以计算小麦从土壤中吸收的总氮量。

$$\text{小麦籽粒氮吸收} = \text{籽粒产量} \times \text{籽粒总氮量}(\%) = \frac{2\,667 \times 3}{100} = 80 \div 100 \cdots\cdots 6.4$$

小麦籽粒 ^{15}N 测量结果表明，这两个副区的“原子百分超”分别为 0.75% 和 0.80%，氮利用率的计算过程如下：

（1）根据籽粒 ^{15}N 与肥料 ^{15}N 的比值，第一次和第二次施肥小麦籽粒氮素百分比（%Ndff），可通过公式 6.5 计算得出。

$$\%\mathrm{Ndff} = \frac{15\mathrm{N}_{\text{籽粒}}}{15\mathrm{N}_{\text{肥料}}} \times 100 \cdots\cdots 6.5$$

$$\text{第一次施用的}\ \%\mathrm{Ndff} = \frac{0.75}{5} \times 100 = 15\%$$

$$\text{第二次施用的}\ \%\mathrm{Ndff} = \frac{0.80}{5} \times 100 = 16\%$$

$$\text{两次施用的}\ \%\mathrm{Ndff} = 15\% + 16\% = 31\%$$

（2）根据 %Ndff，两次施肥产生的氮量（Ndff）计算如下：

Ndff=%Ndff× 作物吸收的氮量 =0.31×80=24.8 kg N · hm^{-2}……6.6

公式 6.5 和公式 6.6 也可用于计算小麦地上的茎、叶和根的 Ndff。

最后，根据 Ndff（24.8）和施氮量（80 kg N · hm^{-2}）计算氮利用率。

$$\mathrm{NUE} = \frac{\mathrm{Ndff}}{\text{总氮量}} \times 100 = \frac{24.8}{80} \times 100 = 31\% \cdots\cdots 6.7$$

在本研究中，小麦籽粒中31%氮来自施用的 ^{15}N 标记尿素肥料，其余的氮（69%）来自土壤氮库。

4.3 ^{15}N 标记尿素稀释示例

对于 5% 原子百分超稀释至 3% 的 1 kg ^{15}N 的标记尿素，使用基于以下关系的混合模型（公式 6.8）。

$$f_A + f_B = 1 \cdots\cdots 6.8$$

式中，f_A、f_B 分别是标记肥料和未标记肥料的分数。

· 首先计算含有 5% 的原子百分超（f_A）的 ^{15}N 标记肥料分数，与未标记肥料混合以获得 3% 的原子百分超（公式 6.9）。

$$f_A = \frac{3 - 0.366}{5 - 0.366} = 0.568\ 41 \cdots\cdots 6.9$$

· 然后使用公式 6.10 计算未标记肥料的分数。

$$f_B = 1 - 0.568\ 4 = 0.431\ 59 \cdots\cdots 6.10$$

因此，1 kg 3% 原子百分超的标记肥料，是 5% 的原子百分超 0.568 41 kg 肥料与 0.431 59 kg 未标记肥料混合。

5　生物固氮（BNF）

以往全球粮食生产严重依赖以尿素为主的合成氮肥，有一半以上的氮肥用于谷物生产，氮肥将继续在确保全球粮食安全方面发挥关键作用。2016 年全球肥料氮使用量为 1.13 亿 t，2018 年增至 1.2 亿 t，大部分氮肥增加发生在发展中国家。

自 1974 年石油危机（氮肥价格高企）以来，许多国际农业重点项目把利用生物固氮（BNF）作为研究重点。微生物利用固氮酶将大气中的氮（N_2）转化为氨（NH_3），以便在植物代谢中进一步利用还原的氮。这些固氮微生物可以单独生活在土壤中，或与多种环境中的某些植物共生。

一个典型例子是根瘤菌与豆科作物（粮食豆类、牧草和牧草豆类、一些树种）根之间的共生关系。细菌接种在豆类的根部，形成充满类杆菌的结核。

豆科作物是富含蛋白质的人类食物和牲畜饲料，还能加工成纤维、药物及其他产品。豆类谷物可以单独轮作种植，也可与其他谷物间作种植。豆科牧草通常用于混合草地，豆科树种用于农林复合经营和农—林—牧系统。某些快速生长的豆类作物可以用作覆盖作物，或作为绿肥融入土壤。

为了确保农业生产系统中有足量的生物固氮（BNF），豆类基因型可以通过种子无性繁殖获得。选定生物肥料（市售根瘤菌培养物），用作种子或幼苗的接种剂，或用于树种的有根插条。豆类固定氮量取决于根瘤菌菌株和豆类作物之间的共生关系，品种（基因型）、环境（土壤、气候）和农艺管理等因素。此外，胁迫条件（如盐度、酸度、干旱、极端温度和营养缺乏）对共生双方都有负面影响。

豆类作物固定氮，有助于改善土壤肥力状况，减少对氮肥的需求。固定氮可以用于与豆类相关的谷物作物或草的生长，或与豆类轮作。非氮的“豆类效应”也被应用于农业体系中。表 6–2 为豆科作物对农业生态系统的主要影响。

表 6–2　　豆科作物对农业生态系统的主要影响

<table>
<tr><th>问题 / 过程</th><th>主要影响</th><th>详述</th></tr>
<tr><td rowspan="2">BNF 过程本身</td><td rowspan="2">土壤酸化</td><td>CO_2 固定 / 同化氮的增加</td></tr>
<tr><td>土壤氮吸收增加</td></tr>
<tr><td rowspan="3">氮肥的生产及应用</td><td rowspan="3">减少氮肥的使用</td><td>化石燃料的使用减少</td></tr>
<tr><td>CO_2 排放减少</td></tr>
<tr><td>NO_2 排放减少</td></tr>
<tr><td>氮循环 / 氮损失</td><td rowspan="4">在种植前和种植过程中的影响</td><td>N_2O 排放减少</td></tr>
<tr><td rowspan="10">种植制度</td><td>NH_3 挥发减少</td></tr>
<tr><td>氮淋失减少</td></tr>
<tr><td>通常绿肥中氮的 NUE 低于氮肥，但大部分绿肥残留在土壤中</td></tr>
<tr><td rowspan="3">收获后效应</td><td>减少 N_2O 排放</td></tr>
<tr><td>NH_3 挥发，NO_3^- 淋失</td></tr>
<tr><td>氮对下一季作物有益，能节省氮肥</td></tr>
<tr><td rowspan="3">长期效应</td><td>土壤肥力改善</td></tr>
<tr><td>土壤氮储量增加</td></tr>
<tr><td>集约化种植降低了氮损失的风险</td></tr>
</table>

（续表）

问题 / 过程	主要影响	详述
种植豆科作物	非氮的“豆类效应”也被推广	改善人类健康（高质量膳食）
		生物多样性增加
		碳固存增强
		土壤侵蚀减少
		中断作物病虫害的生长周期
		促进作物深层生根
		改善土壤结构

加强豆科作物固氮作用，以提高土壤肥力和作物生产力。在广泛的环境和农艺管理条件下，测量豆科作物固定氮的能力，包括使用同位素方法和非同位素方法。

5.1 使用 ^{15}N 同位素技术估算豆科作物生物固氮能力

使用稳定的 ^{15}N 同位素方法，在富集或自然丰度水平，都可以测量豆科作物总固氮量。这也是唯一能够区分大气氮和土壤中其他氮源的方法。

氮的两种主要稳定同位素，轻稳定同位素 ^{14}N 的丰度为 99.633 7%，重稳定同位素 ^{15}N 的丰度为 0.366 3%。如果两种主要氮源（大气氮和土壤氮）中的 ^{15}N 浓度有明显差异，则可以计算出大气氮固定量占豆科作物累积总氮量的比例。

评估作物的生物固氮能力时，需要 3 个参数：作物材料中的氮含量、固氮作物的干物质产量和固氮作物从大气中获得氮量的百分比（%Ndfa），据此可以计算固氮量。通常在田间试验中表示为每公顷生物固氮量（$kg\ N \cdot hm^{-2}$），或在温室试验中表示为每株作物或每盆作物的生物固氮量（mg N）。然后从总氮量中减去通过 BNF 中得出的固氮量，即为土壤中的氮量。

%Ndfa 取决于植物生长和微共生体菌株效率的相互作用，以及土壤的物理和化学性质（如水和养分的可用性），可利用 ^{15}N 同位素稀释和 ^{15}N 自然丰度技术测量（Boddey *et al.*，2000；Urquiaga *et al.*，2012；Collino *et al.*，2015）。作物生物固氮能力量化，还可以应用其他同位素技术，如 $^{15}N_2$ 进料和 A 值（IAEA，2001）。

5.2 ^{15}N 同位素稀释技术

^{15}N 同位素稀释技术可用于评估 %Ndfa。该技术基于固氮作物通过 BNF 从空气中获得的氮量对土壤氮的稀释。假设非固氮作物的 ^{15}N 富集，可作为评估作物有效土壤氮 ^{15}N 富集的参照（图 6–4）。

作物吸收的土壤氮，可通过施用 ^{15}N 富集肥料进行标记，种植固氮作物和非固氮作物并取样。事实上，如果土壤中的所有氮都易于矿化并能被作物吸收，则土壤样品的 ^{15}N 分析可作为评估 ^{15}N 丰度的参考。然而，只有代表一小部分土壤矿质氮（主要是 NH_4^+ 和 NO_3^-）可被作物吸收，并且理论上可用于评估土壤和作物中 ^{15}N 丰度（Ledgard *et al.*，1984；Unkovich *et al.*，2008）。考虑到非固氮作物的氮营养完全依赖于土壤矿质氮，因此，可以对作物采样，以评估作物有效土壤氮富集情况（图 6–4）。在该技术中，固氮作物和非固氮参比作物应具有类似的氮吸收模式（图 6–4），这是应用 ^{15}N 同位素稀释技术的关键条件。否则，当固氮作物和非固氮作物对土壤氮的 ^{15}N 富集，在时间过程和 / 或吸收深度中不恒定时，对 %Ndfa 的评估可能不准确（Unkovich *et al.*，2008；Baptista *et al.*，2014）。一

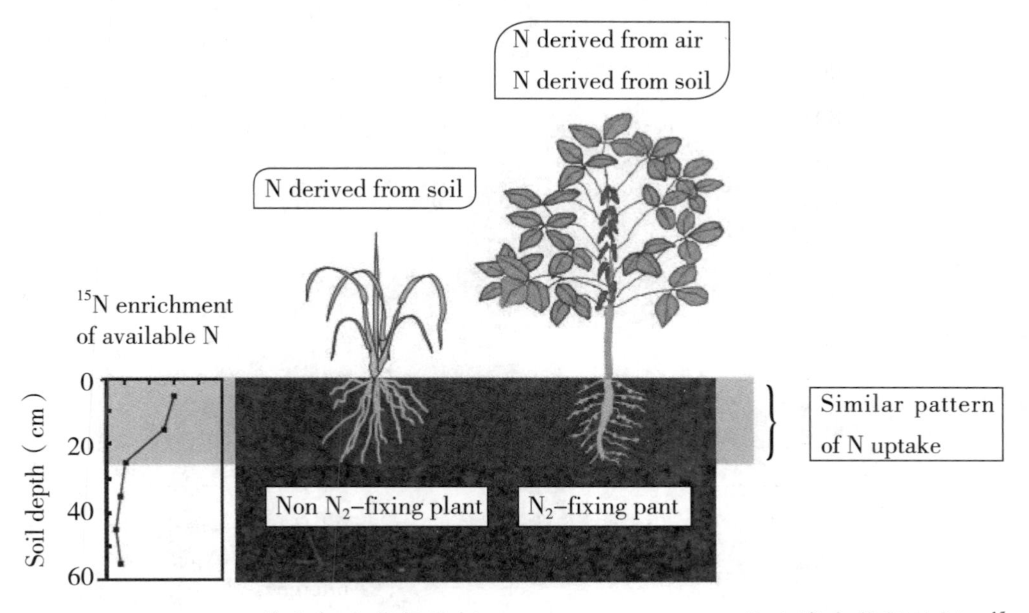

N derived from air：从空气中获得的氮；N derived from soil：从土壤中获得的氮；^{15}N enrichment of available N：有效氮的 ^{15}N 富集；Soil depth：土壤深度；Non N_2–fixing plant：非固氮植物；N_2–fixing pant：固氮植物；Similar pattern of N uptake：类似的氮吸收模式

图 6–4　用于 BNF 定量的 ^{15}N 同位素稀释技术

些程序可用于处理非恒定 ^{15}N 在时间和土壤深度上的富集，包括使用不稳定的有机材料固定过量的土壤矿质氮，并稳定氮供应（Boddey *et al.*，1995），以及不断向土壤中添加 ^{15}N 标记肥料（Viera-Vargas *et al.*，1995）。N_2 固定装置的 %Ndfa，使用公式 6.11 计算。

$$\%\text{Ndfa} = 1 - \frac{\text{原子}\ \%^{15}\text{N 过量}_{\text{固氮作物}}}{\text{原子}\ \%^{15}\text{N 过量}_{\text{非固氮参比作物}}} \times 100 \quad \cdots\cdots 6.11$$

公式 6.11 如图 6-5 呈现。考虑到氮肥用量可能影响生物固氮过程，当目标仅是用 ^{15}N 标记作物有效土壤氮时，通常采用低氮肥用量（例如，<10 kg N · hm^{-2}）。当使用低氮肥量时，^{15}N 富集度高的肥料可产生足以通过光谱法进行精准分析的 $^{15}N/^{14}N$ 材料。每公顷过量施用 1 kg ^{15}N（过量 0.1 g $^{15}N \cdot m^{-2}$）通常会产生具有足够 ^{15}N 富集度的植物材料，满足大多数质谱仪的精度分析（发射光谱仪通常需要更高的 ^{15}N 富集度）。考虑到这些值，如果应采用 10 kg N · hm^{-2} 的施肥量，则建议使用 10% 的 N 原子百分超 ^{15}N 的肥料。事实上，根据光谱仪类型，有可能使用较低的 ^{15}N 富集度，但必须基于对分析精度的严格评估，并在获得重要经验

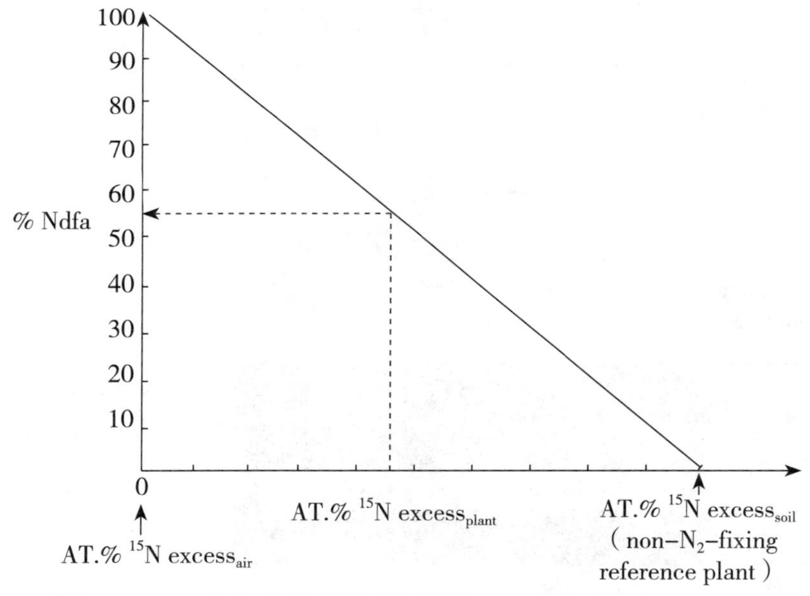

AT.% ^{15}N excess$_{air}$：空气中的过量 ^{15}N 原子 %；AT.% ^{15}N excess$_{plant}$：作物中的过量 ^{15}N 原子 %；AT.% ^{15}N excess$_{soil}$（non-N_2-fixing reference plant）：土壤中的过量 ^{15}N 原子 %（非固氮参比作物）

图 6-5　固氮植物的 ^{15}N 富集度与 %Ndfa 的关系

后再进行。当这种方法用于多年生木本作物时，应使用更高的施氮量（例如，20 kg N · hm^{-2}）和/或更高的 ^{15}N 富集度。

选择非固氮作物，是通过 ^{15}N 同位素稀释技术准确定量 BNF 的一个非常重要步骤。

· 确保固氮参比作物不具备 N_2 固定能力，可通过以下方式确定：

典型的缺氮症状（例如，叶片呈淡绿色或黄色，尤其是老叶）。

文献检索表明固氮参比作物无法固氮，尤其是禾本科作物，因为禾本科作物具有固氮能力（Urquiaga *et al.*，1992；Reis *et al.*，2001）。

选择不结瘤的近等位基因系或未接种的豆科作固氮参比作物时，没有结瘤。

· 使用 3 种或 3 种以上固氮参比作物，评估与作物可用土壤氮的 ^{15}N 富集相关的变异性。

· 选择表现出与固氮作物相似氮吸收模式的非固氮参比作物，即具有相似的根系深度和结构，利用相同的土壤有效氮库，并具有相同的氮吸收动态。

· 如果要比较具有显著不同生命周期的固氮作物，不同品种的固氮能力，则具有相似生命周期的品种组，必须与生长持续时间相同的参比作物配对。

· 考虑到土壤历史的差异可能会影响氮矿化动态，即使仅针对一种固氮作物类型评估生物固氮因子，也必须为每种作物的种植和取样设置额外参比作物（例如，种植史对大豆相关生物固氮能力的影响）。

· 在理想情况下，应将每种参比作物放在田间和温室试验布局中，种植在其他田间小区，并对固氮作物进行相同的重复和随机化处理。

为了施用 ^{15}N 肥料以标记土壤有效氮，可以对主区内 ^{15}N 微区使用 ^{15}N 同位素稀释技术，对 BNF 进行量化。在 ^{15}N 微区（micro-plofs）取样植物材料，估算 Ndfa%。干物质重、吸收的总氮量和 BNF 产生的氮量，可以通过收获更大面积小区来测量，包括施用 ^{14}N 肥料的区域。

5.3 使用 ^{15}N 同位素稀释技术计算 BNF 中的氮量

以下示例显示了使用 ^{15}N 同位素稀释技术，估算大豆从 BNF 中获得氮量 %Ndfa 的步骤。对一个商品大豆品种进行田间试验，以评估 3 个根瘤菌菌株在水分胁迫条件下的表现。大豆以 0.50 m 行距播种，同时种植 3 种非固氮参比作物：高粱属、芸苔属和非结瘤大豆类。利用 ^{15}N 同位素稀释技术进行 BNF 的定量测试。每个试

验小区为36 m^2（6 m×6 m）。在每个试验小区内按9 m^2（3 m×3 m）建立一个微区。在播种前50 d，以每公顷5 kg N向每个小区施用^{15}N浓度超过20%的^{15}N标记硫酸铵[（$^{15}NH_4$）$_2SO_4$]。在小区的剩余区域施用未标记化肥[（$^{14}NH_4$）$_2SO_4$]。大豆和参比作物同时播种和收获（播种后105 d）。收集^{15}N标记微区中心行1.5 m处作物的茎组织，称重，烘干，重新称重，研磨，并分析总氮量和^{15}N浓度。干物质重、N含量和^{15}N浓度如表6-3所示。

表6-3　用^{15}N同位素稀释技术定量测定大豆的BNF试验结果

参数	接种了菌株A的大豆	接种了菌株B的大豆	接种了菌株C的大豆
干物质重（$kg \cdot hm^{-2}$）	5 097	4 850	3 105
N含量（%）	3.7	3.9	3.7
^{15}N原子百分超	0.142 0	0.033 0	0.092 0

参比作物的^{15}N富集平均值为1.130 5原子%^{15}N原子百分超。使用公式6.12、公式6.13、公式6.14，对接种菌株A的大豆计算。

$$地上总氮量(kg)=\frac{干物质重(kg\cdot hm^{-2})\times N含量(\%)}{100}=\frac{5\ 097\times 3.7}{100}=189\ N\ kg\cdot hm^{-2} \quad\cdots\cdots 6.12$$

$$地上部总氮量=\%Ndfa=1-\frac{^{15}N原子百分超_{N_2固氮作物}}{^{15}N原子百分超_{非固氮参比作物}}\times 100=1-\frac{0.142\ 0}{1.130\ 5}\times 100=87\% \quad\cdots\cdots 6.13$$

由BNF得到的

$$氮量(kg\cdot hm^{-2})=\frac{地上部总氮量(kg\cdot hm^{-2})\times \%Ndfa}{100}=\frac{189\times 87}{100}=165\ N\ kg\cdot hm^{-2} \quad\cdots\cdots 6.14$$

考虑到茎干物质重、N含量和^{15}N原子百分超的其他数据，接种B菌株的大豆从BNF中获得的氮量为每公顷184 kg N，接种C菌株的大豆则为每公顷106 kg N。

5.4 ^{15}N 自然丰度技术

这项技术基于土壤中相对于大气 N_2 的 ^{15}N 轻微自然富集。土壤中 ^{15}N 微增，是土壤环境中所涉及轻同位素和重同位素的各种反应不一致的结果。^{15}N 同位素分馏，也称为质量歧化效应（Xing *et al.*，1997），是土壤中生物、化学和物理过程复杂和长期相互作用的结果，导致 ^{15}N 和 ^{14}N 之间的分馏。反应产物（如脱氮产生的气态氮形式）有一种趋势，即在较轻的同位素 ^{14}N 中相对富集，剩余的氮化合物（随时间在土壤有机质中稳定）则倾向于在较重的同位素 ^{15}N 中富集（Xing *et al.*，1997）。值得注意的是，这种 ^{15}N 的小富集需要很长时间，并且与土壤有机质的保持量和长期动态密切相关（Ledgard *et al.*，1984）。

^{15}N 自然丰度技术是基于相对于大气 N_2 具有非常小 ^{15}N 偏差作物样品的分析，单位为 δ，表示 ^{15}N 天然丰度值。$\delta^{15}N$ 值是给定样品的 ^{15}N ∶ ^{14}N 比值，与大气 N_2 指定国际标准中的 ^{15}N ∶ ^{14}N 之差，用千分率（‰）表示。$\delta^{15}N$ 的单位（1.0‰）是高于或低于大气 ^{15}N 自然丰度（0.366 3 个原子 %^{15}N）的千分之一，即一个 $\delta^{15}N$ 单位与 0.000 366 3 个 ^{15}N 原子百分超相等。公式 6.15 可用于计算 $\delta^{15}N$。

$$\delta^{15}N(‰)=\frac{原子\ \%^{15}N_{样品}-原子\ \%^{15}N_{大气}}{原子\ \%^{15}N_{大气}}\times 1\ 000 \quad \cdots\cdots 6.15$$

根据大气中 N_2 的 $\delta^{15}N$=0‰，$\delta^{15}N$ 为正值，表示与大气中 N_2 相比，样品中有 ^{15}N 的富集；负值表示样品有轻微损耗。例如，一个作物样品含有 0.358 5 原子百分超 ^{15}N，则该样品的 $\delta^{15}N$ 为：

$$\delta^{15}N=\frac{0.365\ 9-0.366\ 3}{0.366\ 3}\times 1\ 000=-1.09\%$$

与 ^{15}N 同位素稀释技术相比，自然丰度技术的主要优点是无需添加 ^{15}N 肥料来标记土壤有效氮，^{15}N 肥料是一种非常昂贵的耗材，并且根会影响生物固氮。然而，使用这种技术需要高精度的同位素比质谱仪。

使用 ^{15}N 自然丰度技术计算 Ndfa%：

$$\%Ndfa=\frac{\delta^{15}N_{非固氮参比作物}-\delta^{15}N_{固氮作物}}{\delta^{15}N_{非固氮参比作物}-B}\times 100 \quad \cdots\cdots 6.16$$

式中，B 是完全依赖 N_2 固定生长时固氮作物的 $\delta^{15}N$。由于豆类中的 B 值通常为负值。B 值取决于作物种类、作物年龄、共生体和生长条件。Unkovich 等（2008）汇编

了许多热带和温带豆科作物枝条的大量 B 值，可用于估算 %Ndfa，其可接受精度取决于作物固氮水平。

影响 %Ndfa 估算的另一个重要因素是参比作物的 δ^{15}N。该参数越高，%Ndfa 的估计值越高。这将导致与某些过程小变异性相关的偏差影响较小，例如土壤氮库的矿化强度、作物中的同位素差异或固氮和非固氮参比作物根系结构的小差异。高于 4‰的参比作物 δ^{15}N，适用于估算固氮作物中的 %Ndfa（Unkovich *et al.*，2008）。

在试验开始之前，对试验区内非固氮阔叶杂草进行 ^{15}N 分析，以初步估算土壤有效氮的 ^{15}N 自然丰度。在试验区不同点采集不同参比作物的分离样品，以评估作物有效氮中 δ^{15}N 的变异性（非混合样品）。此外，还必须了解该地区的详细信息，包括以前种植的作物类型、氮肥和微生物肥料施用情况（类型和用量）。

对于 ^{15}N 自然丰度技术，还必须考虑为选择非固氮参比作物而提出的所有建议。参比作物必须被视为实验设计中的附加处理，具有重复性和随机性。在随机区组设计中，应使用相同区组参比作物的 δ^{15}N，分别对给定区组作物进行 %Ndfa 估算。

利用 ^{15}N 自然丰度技术计算 BNF 中的氮量

以下示例显示了利用 ^{15}N 自然丰度技术估算菜豆的 %Ndfa，通过 BNF 得到氮量（单位：kg N·hm^{-2}）的步骤。

对两种菜豆进行了温室研究，以评估盐（NaCl）对 BNF 性能的渗透效应。将普通豆类品种和 3 种参比作物（高粱属、芸苔属和非结瘤豆类）种植在 10 L 花盆中，土壤质量为 10 kg。每个花盆种植 3 株作物。通过在土壤中添加 NaCl 溶液模拟土壤盐分。使用 ^{15}N 自然丰度技术进行 BNF 定量测定。在播种 60 d 后采集豆芽，称重、烘干，再称重、研磨，并分析总氮量和 ^{15}N。干物质重、N 含量和 ^{15}N 丰度如下表 6–4 所示。

表 6–4　用 ^{15}N 自然丰度技术测定普通豆类品种 BNF 的温室试验结果

参数	普通豆品种 A	普通豆品种 B
干物质重（g，每盆）	45	39
N 含量（%）	2.5	2.6
δ^{15}N	0.52	0.96

参比作物 $\delta^{15}N$ 的平均值为 9.82‰，用于普通豆类的 B 值为 –1.97‰。品种 A 的计算示例如下：

$$地上部总氮量=\frac{干重\times氮含量(\%)}{100}=\frac{45\times2.5}{100}=1.13\ g\ N$$

$$\%Ndfa=\frac{\delta^{15}N_{非固氮参比作物}-\delta^{15}N_{固氮作物}}{\delta^{15}N_{非固氮参比作物}-B}\times100=\frac{9.82-0.52}{9.82-(-1.97)}\times100=79\%$$

由 BNF 得到的氮量

$$=\frac{地上部总氮量\times\%Ndfa}{100}=\frac{1.13\times79}{100}\times1\ 000=893\ mg\ N(每盆)$$

根据地上部干物质重、N 含量和 ^{15}N 原子过量数据，品种 B 通过 BNF 获得的氮量为每盆 761 mg。

5.5 对从种子得到氮量的修正

在一些试验中，使用具有成比例大种子的作物，或者当作物在生长早期取样时，种子的氮占作物总氮量相当大比例时，对作物材料的 ^{15}N 富集 / 丰度进行校正，可以提高 %Ndfa 估算的准确性（Okito *et al.*，2004）。这一修正是减去种子的氮量和作物材料的 ^{15}N 富集 / 丰度。例如，当采用 ^{15}N 自然丰度时，校正公式如下：

$$\delta^{15}N_{作物}(SC)=\frac{(\%N_{作物}\times DM_{作物}\times\delta^{15}N_{作物})-(\%N_{种子}\times DM_{种子}\times P_s\times\delta^{15}N_{种子})}{(\%N_{作物}\times DM_{作物})-(\%N_{种子}\times DM_{种子})}\quad\cdots\cdots\cdots6.17$$

式中，SC 表示对种子氮量的校正；%N 是 N 含量；DM 是干物质重；P_s 是作物组织吸收种子氮的比例。

当分析茎时，由于一半的种子氮被纳入气生组织中，通常假设 P_s 为 0.5。通过将 $\delta^{15}N$ 替换为原子 %$\delta^{15}N$ 过剩量，同样适用于 ^{15}N 同位素稀释技术的计算公式。作物在田间条件下生长并在成熟期取样，这种校正通常不会对 %Ndfa 的最终估算值产生重大影响，因为种子氮的贡献量通常很小。

^{15}N 自然丰度技术已成功应用于世界许多地区农业系统的生物固氮量测量。然而，在使用 ^{15}N 同位素技术之前，要考虑到 BNF 成功测量应具备的主要条件。例如，从选择试验区到解释 ^{15}N 分析均要求高技能技术人员参与；与其他常规作物和土壤分析相比，^{15}N 分析耗材通常很昂贵，因此，要有资金支持；^{15}N 自然丰度技术成功应用还取决于 ^{15}N 分析质谱仪的精度。其他标准如表 6–5 所示。

表 6-5　两种 ^{15}N 同位素技术测量农业系统 BNF 的优点（A）和缺点（D）

标准	^{15}N 同位素稀释技术	^{15}N 自然丰度技术
参比作物要求	D	D
施用 ^{15}N 肥料的成本	D	A
^{15}N 分析的成本	D	D
对高技能技术人员的要求	D	D
对高精度光谱仪的要求	A	D
在最初未设计用于 BNF 评估的区域（如农场、自然系统）应用该技术	D	A
同位素分馏法（B 值）	A	D
土壤 ^{15}N 的田间变异性	A	D
在多年生系统中的应用	A	A
在 $\delta^{15}N$（<4‰）低的土壤有效氮试验中采用	A	D
对 %Ndfa 的时间积分测量	A	A
测量每个区域（田地）或每个花盆（温室）BNF 的氮量	A	A

6　水稳定同位素用于蒸散分割的测定技术

蒸发蒸腾（Evapotranspiration，*ET*）或作物通过蒸发（Evaporation，*E*）和蒸腾（Transpiration，*T*），从植被表面的水通量是水收支的重要组成部分。蒸腾失水可视为“良好”用水，而蒸发失水可视为“浪费”用水（图 6-6）。水分蒸腾通过气孔进行，气孔也是植物通过光合作用中吸收大气 CO_2，随后生物合成碳水化合物的通道，促进生物量增加。气孔受到植物生理信号的严格控制，以优化单位水分损失的碳增益。使用稳定同位素 ^{18}O 和 ^{2}H 作为水和水蒸气的标记，可以帮助研究人员区分土壤蒸发失水和叶片蒸腾失水。这些原理有利于实施适当的水土保持战略，例如，实施少耕法，对土壤进行覆盖，采用滴灌 / 喷灌系统，以尽量减少土壤蒸发。作物水分利用效率（WUE）既与其遗传特征有关，又与作物对灌溉的适应性有关。

通过测量水通量来表征植物蒸腾过程，是繁琐且不准确的。随着激光水气同

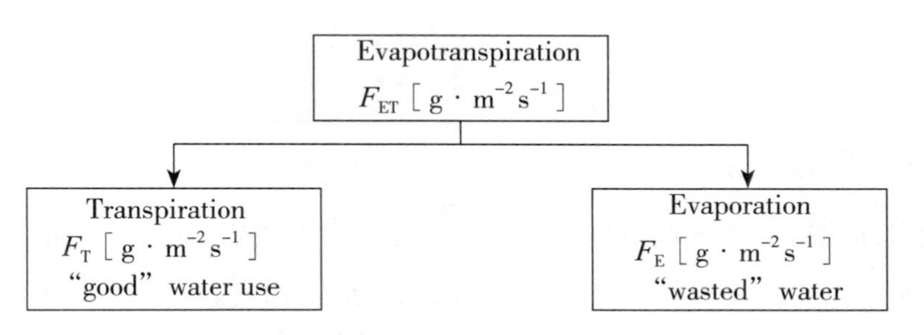

Evapotranspiration：土壤水分蒸发蒸腾损失总水量；Transpiration（"good" water use）：蒸腾（"良好"用水）；Evaporation（"wasted" water）：蒸发（"浪费"用水）

图 6-6 土壤蒸散模型

位素分析仪的出现，已经开发出各种计算模型，能实时将空间和时间尺度同位素测量，与蒸发和蒸腾通量（F_{ET} 和 F_T）关联起来。

根据 Yakir 和 Sternberg（2000）的研究，这些通量的比率使用公式 6.18 计算。

$$f_{T/ET}=\frac{F_T}{F_{ET}}=\frac{\delta_{ET}-\delta_E}{\delta_T-\delta_E} \quad \cdots\cdots 6.18$$

式中，δ_{ET} 为蒸散的同位素组成；δ_E 为蒸发土壤水的同位素组成；δ_T 为植物蒸腾水分的同位素成分。

激光吸收光谱，特别是光腔衰荡光谱（CRDS）可应用于 *ET* 分析。例如，通过 Keeling 混合模型确定垂直水气剖面的分压和同位素组成，以确定 *ET* 信号；结合 Craig Gordon 模型，使用土壤 – 水同位素组成确定蒸发水通量的特征；直接测量叶室中蒸腾的同位素信号，以确定水源的同位素信号。

6.1 使用 Keeling 混合模型确定 δ_{ET}

6.1.1 理论

使用 Keeling 混合模型可确定蒸散通量的同位素组成（Keeling，1958）。该模型将水浓度（*C*）与地表混合空气（*A*）、背景空气（*B*）和蒸散通量（*ET*）与公式 6.19 的同位素组成（δ）相关联。

Keeling 混合模型

$$C_B\delta_A = C_B\delta_B + C_{ET}\delta_{ET} \quad \cdots\cdots 6.19$$

假设背景空气（C_B，δ_B）和蒸发蒸腾（C_{ET}，δ_{ET}）的浓度和同位素组成在短时间内保持不变，则使 δ_A 为 $1/C_A$ 的函数，可得到公式 6.20，δ_{ET} 为截距。

$$\delta_{A}=(\delta_{B}-\delta_{ET})\frac{C_{B}}{C_{A}}+\delta_{ET} \quad \cdots\cdots 6.20$$

6.1.2 试验方法

通过对地表以上不同高度的空气取样，测量不同浓度（C_A）下混合空气的同位素组成 δ_A。垂直剖面提供了确定 δ_{ET} 所需的水浓度梯度。

· 在不同高度的土壤表面上方采集空气样本，采样高度取决于所研究生态系统的具体情况。

· 使用旋转阀选择器将取样管线连接至歧管。

· 使用可通过 Picarro 水同位素分析仪控制的旋转阀。例如，Picarro L2130-i 或 L2140-i 可用于选择空气输送至分析仪的采样线。

· 以双重模式运行分析仪：蒸气和液体测量允许分析仪使用液态水标准进行自我校准，而蒸气模式分析取样的水蒸气，从而提供同位素组成和浓度。

· 使用分析仪的双模式协调器，将系统设置为测量每个取样口的蒸气 10 min（即一个循环总共 50 min——请注意本例中的 5 个取样高度，图 6-7），以 1 Hz

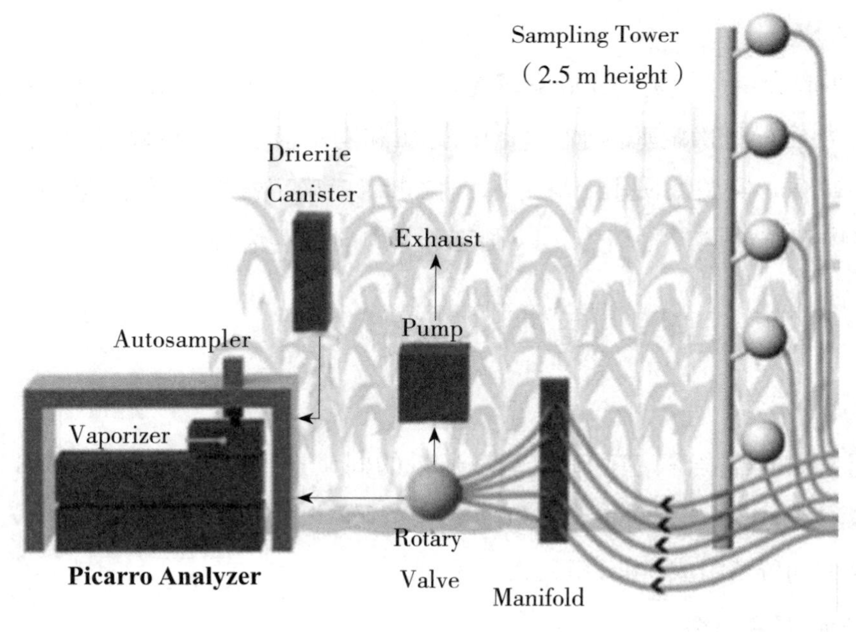

Sampling Tower（2.5 m height）：取样塔（高 2.5 m）；Manifold：歧管；Rotary Valve：回转阀；Pump：泵；Exhaust：废气；Drierite Canister：漂白剂罐；Autosampler：自动取样器；Vaporizer：蒸发器；Picarro Analyzer：Picarro 分析仪

图 6-7 不同高度水蒸气取样的试验装置

频率进行测量。

· 建议每 8 h 用已知同位素组成的液态水标准校准一次分析仪。自动取样器将液态标准样品注入蒸发器。每次注射测量需要 9 min，每个液体标准至少需要注射 6 次。

分析仪测量后，收集并处理结果（对每次校准进行平均和归一化），将 δ_A 和 $1/C_A$ 绘制在图 6-8 中。注意，δ_{ET} 是 δ_A 和 $1/C_A$ 之间回归线的 y 截距。

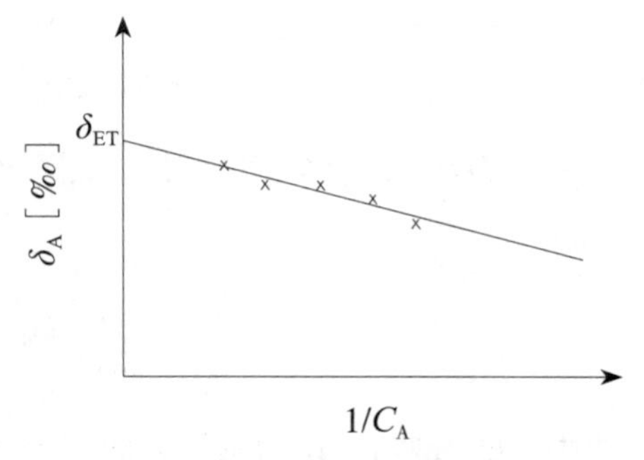

图 6-8　根据 5 个水气测量的垂直剖面得出曲线

6.2　利用 Craig-Gordon 模型确定 δ_{ET}

6.2.1　理论

Craig-Gordon 模型（1965）可估算土壤水分蒸发的同位素组成。该模型考虑了液—气相变过程中平衡分馏和动力学分馏的影响。

$$\delta_E = \frac{(\delta_L \alpha_e h_s - h'_A \delta_A) - (h_s - h_s \alpha_e) - (\varepsilon_k)}{(h_s - h'_A) + \varepsilon_k} \quad \cdots\cdots 6.21$$

式中，α_e 为平衡汽液分馏系数，可作为土壤温度 T_s。

对于 ^2H

$$\ln \alpha_e = -52.612\times10^{-3} + \frac{76.248}{T_s} - \frac{24.844\times10^3}{T_s^2} \quad \cdots\cdots 6.22$$

对于 ^{18}O

$$\ln \alpha_e = 2.0667\times10^{-3} + \frac{0.4156}{T_s} - \frac{1.137\times10^3}{T_s^2} \quad \cdots\cdots 6.23$$

式中，δ_L 是土壤液态水同位素组成（‰），δ_A 是环境空气水蒸气同位素组成（‰），h_s 是 Mathieu 和 Bariac（1996）定义的土壤水气饱和度。

$$h_s = e^{M\varphi s/RTs} \quad \cdots\cdots 6.24$$

式中，M 是水的分子量（18.014 8 g · mol^{-1}），φ_s 是蒸发表面的土壤基质势（kPa），R 是理想气体常数（8.314 5 mL MPa/mol/K），T_s 是土壤温度，即蒸发表面的温度（K），ε_k 是动力同位素分馏系数。

$$\varepsilon_k = n(h_s - h'_A)\left(1 - \frac{D_i}{D}\right) \cdots\cdots 6.25$$

式中，D_i/D 是干燥空气中水蒸气分子扩散系数的比值，取 0.975 7（Merlivat，1978）。

$$h'_A = \frac{h_A e_{sA}}{a_w e_{s0}} \cdots\cdots 6.26$$

式中，h'_A 是归一化为蒸发表面的大气湿度，h_A 是大气湿度，e_{sA} 和 e_{s0} 分别是大气（空气）温度和蒸发表面温度下的饱和蒸汽压，a_w 是水的热力学活性。

n 与 Mathieu 和 Bariac（1996）提出的土壤体积湿度（θ_s）、残余水分（θ_{res}）和饱和水分（θ_{-sat}）有关。

$$n = 1 - \frac{1}{2}\left(\frac{\theta_s - \theta_{res}}{\theta_{sat} - \theta_{res}}\right) \cdots\cdots 6.27$$

6.2.2 试验方法

测量 δ_L：使用 Picarro 水同位素分析仪测量土壤水的同位素组成（图 6-9）。

图 6-9　感应模块和水同位素分析仪

有以下几种水提取方法。

（1）低温蒸馏：低温蒸馏是指从土壤和叶片等样品中提取液态水。使用高精度气化器和 Picarro 水同位素分析仪，分析液态水的同位素组成。

（2）Picarro 进气模块（IM）：Picarro IM 加热样品，直接将水蒸气送至空腔衰荡光谱（CRDS）分析仪，并从土壤样品中提取水分。对 CRDS 进行分析之前，水蒸汽通过一个微型燃烧筒，以去除可能干扰 CRDS 分析的有机分子。有关 Picarro 入门模块的更多信息，请访问 http：//www.picarro.com/isotope_analyzers/im_crds.

从土壤中提取水时，应确保水分提取完整，否则，同位素分析期间（或提取过程中）可能发生分馏，导致结果不准确。还应妥善保存土壤样品。

（3）测量 δ_A 和 C_A 并确定 h_A：用 CRDS 水分析仪，在水气模式下测量。背景环境空气中水气的同位素组成。

采集远离研究系统环境空气样品，以免受试验地块蒸发蒸腾“局部”水蒸气污染。将 CRDS 分析仪输入端口放置在远离试验点位置，或者通过将管道连接到 CRDS 入口端，以收集雨篷上方的空气。冠层以上的特定高度，取决于所研究的生态系统。

确保 CRDS 分析仪已针对同位素组成和浓度进行校准。有关校准 Picarro 水同位素分析仪的信息，可参阅用户手册 https：//picarro.box.com/s/0nh2wvm4n4ojf8jlmj7v.

CRDS 分析仪应在蒸气和液体双重模式下运行。液体测量时，分析仪使用液体标准进行校准。在蒸气模式下分析环境空气样品的水蒸气，以提供同位素组成（δ_A）和水浓度（C_A）。

使用 C_A 计算 h_A。

6.3 通过叶片直接测量确定 δ_T

6.3.1 理论

整理公式 6.19 中建立的质量平衡时，我们得到以下公式（Wang *et al.*, 2012）：

$$\delta_T = \frac{C_M\delta_M - C_A\delta_A}{C_M - C_A} \quad \cdots\cdots 6.28$$

式中，δ_A 和 C_A 为环境空气的同位素组成和水浓度，δ_M 和 C_M 是从叶室（即叶片蒸腾的水蒸气与环境空气混合）测得的同位素组成和水浓度。

6.3.2 试验方法

测量 δ_A 和 C_A：直接测量叶室内混合空气的同位素组成 δ_M 和水浓度 C_M，试验装置如图 6–10 所示。

· 叶室通常由透明塑料制成，内部体积可变，具体取决于叶片的大小。室内有两个小通风口，使环境空气流入室内，并与叶片蒸腾产生的水蒸气混合。

· 用聚四氟乙烯管将叶室连接至分析仪。

· 将仍然附着在植物上的叶子放入叶室。

· 确保 CRDS 分析仪根据同位素组成和水浓度进行校准。Picarro 水同位素分析仪使用步骤，请参阅 https：//picarro.box.com/s/0nh2wvm4n4ojf8jlmj7v.。

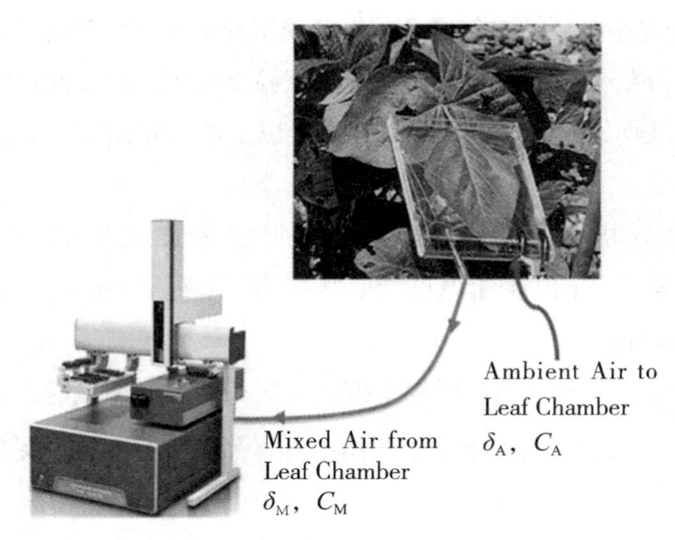

Mixed Air from Leaf Chamber：来自叶室的混合空气；Ambient Air to Leaf Chamber：环境空气进入叶室中

图 6-10　测量 δ_M 和 C_M 的试验装置

·如前所述，在液体和水蒸气双重测量模式下操作分析仪。在液体测量模式下，允许分析仪使用液态水标准进行校准；在蒸气模式下分析样品的水蒸气，以提供同位素组成和水浓度。

7　其他同位素技术

核技术和同位素技术在土壤—水—植物相互作用研究中有着广泛应用，包括植物生态学、生理学、生物化学、营养学、微生物学、害虫防治、土壤肥力、化学、物理和水文学等领域。以下为同位素和核技术在农业研究中应用示范。

· ^{32}P 用于测量肥料利用率和根系活性，可作为分子生物学中的 DNA 探针。

· ^{35}S 用于土壤和肥料研究。

· ^{65}Zn 用于锌肥的吸收率和利用率研究。

· ^{13}C、^{14}C 用于土壤有机质动态、根系活性、光合作用、农药残留、水分利用效率等研究。

· ^{22}Na、^{36}Cl、^{40}K 用于离子吸收和植物耐盐机制研究。

- ^{137}Cs 用于土壤侵蚀研究。
- ^{60}Co 用于害虫综合治理（IPM）中的昆虫不育研究。
- ^{198}Au 用于检测农田中的白蚁群落。

核技术和同位素技术有助于理解生态系统功能的生物过程和机制，是对传统技术的替代。需要考虑使用同位素/核技术的必要性。选择合适的同位素/核技术，需要对研究目标、可用设施和专业知识、安全处理和处置危险材料的风险，以及财务等方面综合考量。在这种背景下，稳定同位素技术是土壤—水—植物—大气研究中的首选。因此，本章阐述了在植物养分和水分利用效率研究中使用 ^{15}N、^{18}O 和 ^{2}H 的示例和协议。读者可以参考 IAEA 培训手册（IAEA，1990，2001）和 Nguyen 等（2011）的文献。

参考文献

BAPTISTA R B，MORAES R F，LEITE J M，*et al.* Variations in the ^{15}N natural abundance of plant-available N with soil depth：their influence on estimates of contributions of biological N2 fixation to sugarcane ［J］. Appl Soil Ecol，2014，73：124–129.

BODDEY R M，OLIVEIRA O C，ALVES B J R，*et al.* Field application of the ^{15}N isotope dilution technique for the reliable quantification of plant-associated biological nitrogen fixation ［J］. Fertil Res，1995，42：77–87.

BODDEY R M，PEOPLES M B，PALMER B，*et al.* Use of the ^{15}N natural abundance technique to quantify biological nitrogen fixation by woody perennials ［J］. Nutr Cycl Agroecosyst，2000，57（3）：235–270.

COLLINO D J，SALVAGIOTTI F，PERTICARI A，*et al.* Biological nitrogen fixation in soybean in Argentina：relationships with crop，soil，and meteo-rological factors ［J］. Plant Soil，2015，392（1–2）：239–252.

CRAIG H，GORDON L. Deuterium and oxygen-18 variations in the ocean and the marine atmosphere. In：Stable isotopopes in oceanographic studies and paleotemperatures ［M］. Pisa：Laboratorio Di Geologica Nucleare，1965，9–130.

IAEA. Use of nuclear techniques in studies of soil-plant relationships. In：Hardarson G（ed）Training course series No 2［M］. Vienna，Austria：International Atomic Energy Agency，1990，223.

IAEA. Use of isotope and radiation methods in soil and water management and crop nutrition-Training Course Series No. 14 ［M］. Vienna，Austria：International Atomic Energy

Agency, 2001, 247.

KEELING C. The concentration and isotopic abundances of atmospheric carbon dioxide in rurals [J]. Geochimica et Cosmochimica Acta, 1958, 13 (4): 322-324.

LEDGARD S F, FRENEY J R, SIMPSON J. Variations in natural enrichment of ^{15}N in the profiles of some Australian pasture soils [J]. Soil Res, 1984, 22: 155-164.

MAJOUBE M. Fractionnement en oxygene-18 et en deuterium entre l'eau et sa vapeur [J]. J Chim Phys Biol, 1971, 68: 1423-1436.

MATHIEU R, BARIAC T. A numerical model for the simulation of stable isotope profiles in drying soils [J]. J Geophys Res, 1996, 101 (D7): 12685-12696.

MERLIVAT L. Molecular diffusivities of H216O, HD16O, and H218O in gases [J]. J Chem Phys, 1978, 69: 2864-2871.

NGUYEN M L, ZAPATA F, LAL R. Role of isotopic and nuclear techniques in sustainable land management: achieving food security and mitigating impacts of climate change. In: Lal R, Stewart BA (eds) World soil resources and food security, advances in soil science, vol 18 [M]. Boca Raton: CRC Press, 2011, 345-418.

OKITO A, ALVES B R J, URQUIAGA S, *et al.* Isotopic fractionation during N_2 fixation by four tropical legumes [J]. Soil Biol Biochem, 2004, 36 (7): 1179-1190.

PEOPLES M B, FAIZAH A W, PERKASEM B, *et al.* Methods of evaluating nitrogen fixation by nodulated legumes in the field, ACIAR Monograpg No 11 [M]. Canberra: ACIAR, 1989, 76.

PESSARAKLI M. Dry matter nitrogen-15 absorption and water uptake by green beans under sodium chloride stress [J]. Crop Science, 1991, 31: 1633-1640.

REIS V M, REIS F B J R, QUESADA D M, *et al.* Biological nitrogen fixation associated with tropical pasture grasses [J]. Funct Plant Biol, 2001, 28 (9): 837-844.

SARANGA Y, MENZ M, JIANG C X, *et al.* Genomic dissection of genotype X environment interactions conferring adaptation of cotton to arid conditions [J]. Genome Res 2001, 11: 1988-1995.

UNKOVICH M, HERRIDGE D, PEOPLES M, *et al.* Measuring plant-associated nitrogen fixation in agricultural systems, ACIAR Monograph no 136 [M]. Canberra: Australian Centre for International Agricultural Research, 2008, 258.

UNKOVICH M J, PATE J S. An appraisal of recent field measurements of symbiotic N_2 fixation by annual legumes [J]. Field Crops Res, 2000, 65 (2): 211-228.

URQUIAGA S, CRUZ K H S, *et al.* Contribution of nitrogen fixation to sugar cane:

nitrogen-15 and nitrogen balance estimates [J]. Soil Sci Soc Am J, 1992, 56: 105-114.

URQUIAGA S, XAVIER R P, MORAIS R F, *et al.* Evidence from field nitrogen balance and ^{15}N natural abundance data for the contribution of biological N_2 fixation to Brazilian sugarcane varieties [J]. Plant Soil, 2012, 356: 5-21.

VIERA-VARGAS M S, OLIVEIRA O C, SOUTO C M, *et al.* Use of different ^{15}N labelling techniques to quantify the contribution of biological N_2 fixation to legumes [J]. Soil Biol Biochem 1995, 27 (9): 1185-1192.

WANG L, GOOD S, CAYLOR K K, *et al.* Direct quantification of leaf transpiration isotopic composition [J]. Agric For Meteorol, 2012, 154-155: 127-134.

WITTY J F, RENNE R J, ATKINS C A. ^{15}N addition methods for assessing N_2 fixation under field conditions. In: Summerfield RJ (ed) World crops: cool season food legumes [M]. Dordrecht: Kluwer Academic, 1988, 716-730.

XING G X, CAO Y C, G Q. Natural ^{15}N abundance in soils. In: Zhu ZL, Wen Q, Freney JR (eds) Nitrogen in soils of China [M]. London: Kluwer Academic, 1997, 31-41.

YAKIR D, STERNBERG L. The use of stable isotopes to study ecosystem gas exchange [J]. Oecologica, 2000, 123 (3): 297-311.

ZAMAN M, ZAMAN S, ADHINARAYANAN M L, *et al.* Effects of urease and nitrification inhibitors on the efficient use of urea for pastoral systems [J]. Soil Sci Plant Nutr, 2013b, 59: 649-659.

ZAMAN M, SAGGAR S, STAFFORD A D. Mitigation of ammonia losses from urea applied to a pastoral system: the effect of nBTPT and timing and amount of irrigation [J]. N Z Grassl Assoc, 2013a, 75: 121-126.

ZAMAN M, NGUYEN M L, BARBOUR M M, *et al.* Influence of fine particle suspension of urea and urease inhibitor on nitrogen and water use efficiency in grassland using nuclear techniques. In: Heng LK, Sakadeva K, Dercon G, Nguyen ML (eds) International Symposium on managing soils for food security and climate change adaption and mitigation [M]. Rome: Food and Agriculture Organization of the United Nations, 2014, 29-32.